Food borne
pathogenic bacteriology

식품유래 병원성 세균학

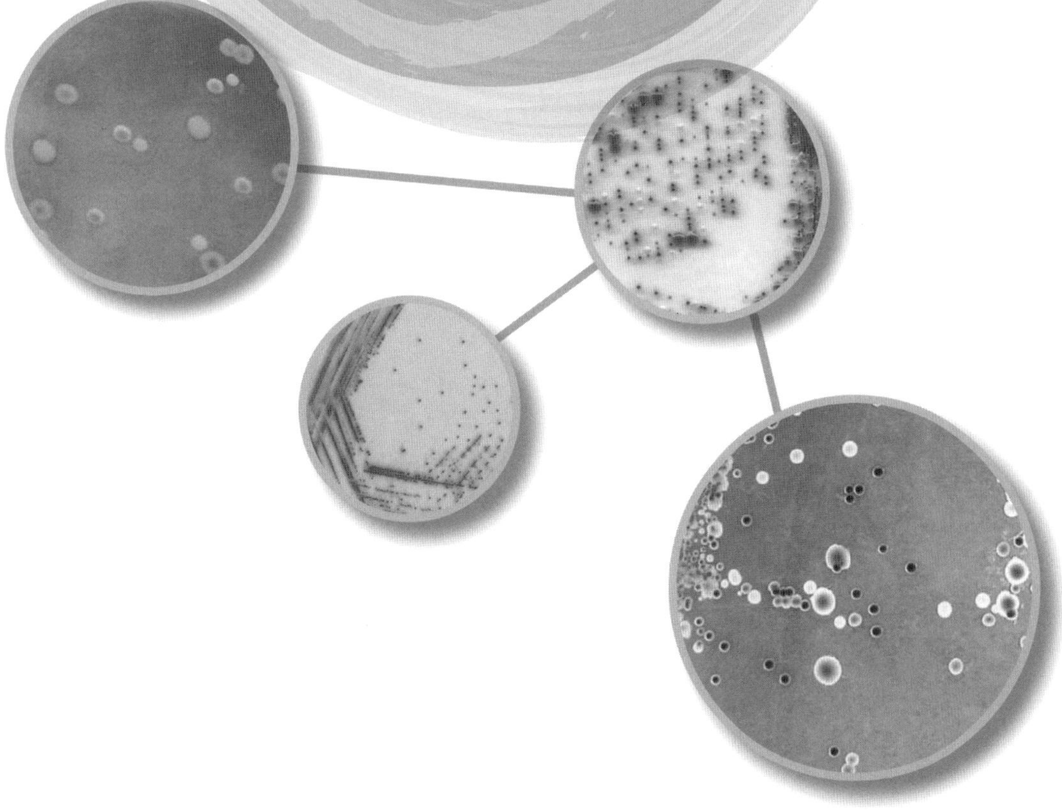

머리말

눈으로는 보이지 않아 현미경으로 봐야 하는 미생물을 연구하는 것은 다른 어떤 학문을 연구하는 것보다 더 즐겁고 흥미롭다. 미생물 한 마리를 배지에 접종하고 하루가 지나서 보면 배지는 온통 미생물 세상이다. 이러한 미생물을 우리는 무섭고 더럽게만 여기지만 미생물도 하나의 생명체이자 지구의 가족이다.

이 책은 수많은 미생물 중에서 가장 빈번하게 식중독을 유발하는 9종의 대표적인 식중독 미생물에 대한 총론서로서 지금까지 어렵게 여겨졌던 식중독 미생물의 이해 수준을 조금 더 높이고자 국내에서는 처음으로 단행본으로 집필하였다. 이 책을 통해서 식중독 미생물을 학습하는 것은 좁게는 개인 위생에서부터 넓게는 공중 위생을 이해하는 데 도움이 될 것이다. 특히, 식품에 의한 식중독 미생물의 감염 경로 및 이에 대한 위생 관리는 실제 생활에 큰 도움이 될 것으로 생각한다.

퇴고에 앞서 처음에 이 책을 만들고자 한 목적을 생각해 보면 부족함이 많다고 느껴지지만, 이러한 부분은 앞으로 더욱 알차게 보완해야 할 숙제로 남긴다. 끝으로 이 책의 집필을 함께 한 공동저자들과 도서출판 효일의 김홍용 사장님, 출판 편집부 담당자님들에게 무한한 감사를 드린다.

2010년 12월

대표저자 이 진 성

Contents

III 장염비브리오

IV 황색포도상구균

Contents

V 바실러스 세레우스

VI 캠필로박터 제주니

Contents

I

병원성 대장균

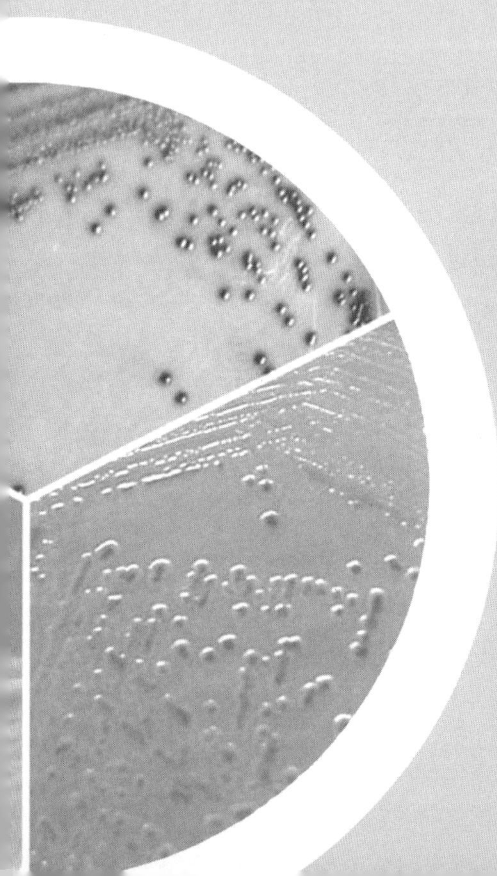

대장균(*Escherichia coli*)은 1885년 독일계 소아과 의사인 Theodor Escherich (1857~1911)라는 과학자에 의해 발견되었으며 사람이나 동물의 장관 내에 상주하는 정상세균총으로 장관 내 상주균 중에서는 가장 많은 분포를 차지한다. 대장균은 대장의 정상적인 생리기능을 유지하는 데 중요한 역할을 하기 때문에 일반적으로 사람에게는 무해하다. 식품에서는 분변오염을 나타내는 위생지표세균으로 이용되기도 한다. 대장균 중 최근 일본 및 미국 등 전 세계적으로 새롭게 대두된 대장균 O157:H7과 같이 베로독소(verotoxin)를 생성하는 것을 장관출혈성 대장균으로 부르며, 장독소(enterotoxin)를 생성하는 장관독소원성 대장균, 대장 점막의 상피세포를 침입하여 조직 내 감염을 일으키는 장관침투성 대장균, 성인에게 급성 위장염을 일으키는 장관병원성 대장균을 모두 병원성 대장균이라고 부른다. 병원성 대장균은 1923년 신생아 설사 원인균으로 알려지게 되면서 그 존재가 인식되었으며 현재는 공중보건학적으로 중요한 위치를 차지하게 되었다.

1. 분류학적 특징

대장균의 분류학적 위치는 다음과 같다.

〈표 1-1〉 대장균의 미생물 분류학적 위치

Kingdom	(영역)	Bacteria
Phylum	(문)	Proteobacteria
Class	(강)	γ-Proteobacteria
Order	(목)	Enterobacteriales
Family	(과)	Enterobacteriaceae
Genus	(속)	*Escherichia*
Species	(종)	*Escherichia coli*

Escherichia속은 Bergey's manual에서 *E. coli*, *E. blattae*, *E. adecarboxylata*, *E. hermannii*, *E. vulneris*, *E. fergusonii*를 포함하고 있으며 임상실험에서는 주로 *E. coli*가 분리된다. 이들 대장균은 균체 항원(O), 협막 항원(K), 편모 항원(H) 등 항원에 따라 3종류로 분류되며, 다시 혈청형에 따라 여러 종류로 분류된다. 이 가운데 O 항원은 180

종, K 항원은 100여 종, H 항원은 56여 종인 것으로 알려져 있다. 이 중 병원성 대장균은 O25, O26, O157 등 약 20종인데, 장관출혈성 대장균 O157:H7 혈청형은 소량으로도 식중독을 일으키고 우리나라에서는 전염병예방법 상 법정전염병 제1군으로 분류하고 있으며 국제적으로도 중요한 식품 매개 식중독 원인균이다. 병원성 대장균은 환자의 임상증상과 균의 병원성에 따라 장관병원성 대장균(Enteropathogenic *E. coli*, EPEC), 장관독소원성 대장균(Enterotoxigenic *E. coli*, ETEC), 장관침투성 대장균(Enteroinvasive *E. coli*, EIEC), 장관출혈성 대장균(Enterohemorrhagic *E. coli*, EHEC, 또는 Shiga toxin producing *E. coli*, STEC), 장관접착성 대장균(Enteroadhesive *E. coli*, EAEC) 의 5가지 형으로 분류되고 있다.

1-1. 장관출혈성 대장균(Enterohemorrhagic *E. coli*, EHEC)

이 균에 감염되면 혈변과 심한 복통 등 일반적인 증상이 나타나며 발열은 없거나 적다. 감염의 약 2~7%가 혈전성 혈소판 감소증 또는 용혈성 요독 증후군과 같은 질병을 일으킨다. 또한 심한 경우 신부전증을 유발하기도 하며 이 경우의 사망률은 3~5% 정도로 매우 높다. 대부분의 사람들은 항생제나 특별한 치료 없이 5~10일 이내에 회복될 수 있다. 용혈성 요독 증후군은 생명을 위협할 정도의 심각한 상태로 종종 수혈과 신장투석 치료가 필요하기도 하다. 이 균에 의한 식중독은 감염형이며 잠복기는 다양하고 주로 3~8일 정도로 알려지고 있다. 혈청형에 의한 분류 중 O26, O103, O104, O111, O113, O146, O157 등이 이 그룹에 속한다고 알려져 있다. 장관출혈성 대장균은 소량으로도 식중독을 일으키며 전염병예방법 상 법정전염병 제1군으로 분류되고 있다.

1-2. 장관독소원성 대장균(Enterotoxigenic *E. coli*, ETEC)

장관독소원성 대장균은 콜레라와 유사한 독소(enterotoxin)를 생산하는데, 이 독소는 60℃에서 10분간 가열했을 때 활성을 잃는 이열성 독소(heat-labile enterotoxin, LT)와 100℃에서 30분간 가열해도 내성을 나타내는 내열성 독소(heat-stable enterotoxin, ST)로 나눌 수 있다. 환자로부터 분리된 균은 보통 한 가지 또는 두 가지의 독소를 내는 것으로 밝혀져 있다. 이 균에 감염되면 콜레라의 경우와 유사한 특징을 보이는데 균이 소장 상부에서 증식해서 mL당 10^7~10^9의 균농도에 달하게 되면 콜레라 같은 설사증을 일으킨다. 장염과 여행자설사증(traveler's diarrhea)의 원인균으로 저개발국가의 신생아와 어린이에게 탈수를 동반한 설사증을 일으키는데 오염된 물과 음식물에 의해 집단발병을 일으킬 수도 있다. 물 같은 설사를 하거나 복통, 구토, 산성증, 피로, 탈수 등이며 열은 없거나 미열이 있다. 증상은 5일 정도 지속되고 잠복기는 10~12시간으로, 장관독소원성 대장균의 원인이 되는 종류는 O6, O8, O15, O20, O25, O27, O63, O78, O80, O114, O115, O128, O148, O153, O159, O167 등이다.

1-3. 장관침투성 대장균(Enteroinvasive *E. coli*, EIEC)

발열, 복통을 주증상으로 하며 환자의 10% 정도는 합병증을 일으키고 혈액과 점액이 섞인 설사로 진행된다. 이 균은 대장점막의 상피세포에 침입하여 감염을 일으키므로 세포의 괴사 등에 의해 궤양이 형성되고 혈액과 점액이 섞인 설사를 일으키며 잠복기는 약 10~18시간이다. 현재까지 O28, O112, O124, O136, O143, O144, O152, O164, O167 등이 알려져 있다.

1-4. 장관병원성 대장균(Enteropathogenic *E. coli*, EPEC)

1세 이하의 신생아에서 주로 발생하고 구토, 복통, 설사, 발열 증상을 나타내며 대장점막에 비침입성이고 발병 기전에 대해서는 아직 불분명하지만 잠복기는 약 9~12시간이다. 오염된 신생아용 분유와 유아음식이 원인 식품이다. 이에 속하는 혈청형은 O18, O20, O26, O28, O44, O55, O86, O111, O114, O119, O125, O126, O127, O142, O158, O159 등이다.

1-5. 장관접착성 대장균(Enteroadhesive *E. coli*, EAEC)

장관흡착성 대장균은 HEp-2 세포에 집적성 부착을 나타내는 특이한 성상을 보이는 균주이다. 소아와 성인에서 지속적인 설사를 유발하며, 이열성 혹은 내열성 독소를 보유하고 있지 않으나 장관상피에서 stacked-brick 모양의 특징적인 집합성 부착현상을 나타낸다.

2. 형태학적 특성

대장균은 현미경 관찰 결과 막대기 모양의 간균이며 0.4~0.7 × 1~30μm 크기이다. 아포를 생성하지 않으며 협막을 가진 것도 있다. 주모성 편모를 가지고 있어 운동성이 있으며 섬모를 가진 것도 있다. 몇몇 균주들은 편모가 없으며 비운동성인 것도 있다.

3. 생리, 생화학적 특성

병원성 대장균은 그람음성간균으로 호기성 또는 통성혐기성균이며 lactose와 fructose를 분해하여 산과 가스(CO_2와 H_2)를 생성한다. 발육 온도 범위는 7~46℃, 최적 생장 온도는 35~40℃이다. 그러나 10℃ 이하의 식품에서는 거의 증식하지 못한다. 발육 pH 범위는 4.4~9.0이며 최적 pH는 6.0~7.0이다. 수분 활성 0.95 이상에서 잘 발육하며 최적 수분 활성은 0.99이다. 설사원성 대장균의 생육 온도는 최저 7~8℃, 최적 35~40℃, 최고 44~46℃이며 수분 활성은 최저 0.95, 최적 0.99, 최고 0.99 이상이다. 대장균 O157:H7의 열 저항성은 60℃에서 D-value 1.67, 65.5℃에서 D-value 0.14의 값을 가진다. 보통한천배지에서 잘 발육하며 일반 대장균은 MacConkey agar, MacConkey sorbitol agar, Desoxycholate lactose agar, Violet red bile agar에서 lactose를 분해하여 분홍색 또는 붉은색 집락을 나타낸다. 그러나 대장균 O157:H7은 다른 혈청형의 장관출혈성 대장균과 달라서 44.5℃에서 발육하지 않으며 β-glucuronidase를 생산하지 않고 sorbitol을 분해하지 못하기 때문에 MacConkey sorbitol agar에서 무색 집락을 나타낸다.

4. 국내 병원성 대장균 원인 식중독 발생 현황

병원성 대장균은 노로바이러스를 제외하고 국내에서 살모넬라와 함께 매년 가장 많은 식중독 사고를 일으키고 있다. 2002년부터 2009년까지 216건(12.9%)의 식중독이 발생되었으며 13,196명(21.7%)의 환자를 발생시켰다〈표 1-2, 1-3, 1-4〉.

〈표 1-2〉 병원성 대장균에 의한 연도별 식중독 발생 현황

발생연도	발생 건수			환자 수		
	건	총 건수	발생률	명	총 환자 수	발생률
2002년	2	77	2.6	63	2,939	2.2
2003년	6	135	4.5	1,502	7,909	19.0
2004년	21	165	12.8	2,043	10,388	19.7
2005년	15	109	13.8	1,883	5,711	33.0
2006년	38	259	14.7	2,832	10,833	26.2
2007년	62	510	12.2	1,945	9,686	20.1
2008년	36	354	10.2	1,278	7,487	17.1
2009년	39	222	17.6	1,720	5,908	29.1
합계	219	1,684	13.0	13,266	60,861	21.8

* 식중독 통계 시스템(http://e-stat.kfda.go.kr/intro.jsp)

〈표 1-3〉 병원성 대장균에 의한 월별 식중독 발생 현황

발생 연도	구분	1월	2월	3월	4월	5월	6월	7월	8월	9월	10월	11월	12월
2002년	건수	1									1		
	환자 수	40									23		
2003년	건수			1		1	3			1			
	환자 수			589		479	378			56			
2004년	건수				1	4	9	2	1	2	1		1
	환자 수				96	464	968	179	171	135	5		25
2005년	건수	2		1	2	2	5		2	1			
	환자 수	18		7	409	232	762		364	91			
2006년	건수			1			11	3	9	10			4
	환자 수			9			1361	42	789	527			104
2007년	건수	2		1	4	5	14	15	9	5	2	3	2
	환자 수	21		9	159	115	754	383	37	360	11	62	34
2008년	건수			1	2	1	3	3	7	7	7	4	1
	환자 수			14	174	12	89	24	281	488	150	36	10
2009년	건수	1		1	10	6	4	3	7	6	1		
	환자 수	6		43	378	211	735	30	241	71	5		

* 식중독 통계 시스템(http://e-stat.kfda.go.kr/intro.jsp)

〈표 1-4〉 병원성 대장균에 의한 원인시설별 식중독 발생 현황

발생연도	구분	집단급식소			음식점	가정집	기타	불명
		학교(직영)	학교(위탁)	기업체				
2002년	건수			1	1			
	환자 수			40	23			
2003년	건수		3	2	1			
	환자 수		348	675	479			
2004년	건수	11	1	4	1		2	2
	환자 수	966	187	476	356		28	30
2005년	건수	5	2	6	2			
	환자 수	488	327	1,057	51			
2006년	건수	7	11	2	9		8	1
	환자 수	734	1576	113	261		137	11
2007년	건수	13	3	5	27	3	5	6
	환자 수	949	183	150	458	18	88	99
2008년	건수	6		8	16	1	5	
	환자 수	637		346	194	5	96	
2009년	건수	10	6	2	8		4	9
	환자 수	685	695	31	124		34	151

* 식중독 통계 시스템(http://e-stat.kfda.go.kr/intro.jsp)

5. 국내 병원성 대장균 원인 식중독 사고 사례

국내 질병관리본부의 역학조사 결과 대표적인 식중독 사고 사례는 다음과 같다.

〈표 1-5〉 국내 병원성 대장균 원인 식중독 주요 사고 사례

발생날짜	발생지역 및 장소	발생규모 및 발병률	병원체	감염원
2008년 4월 18일	대구광역시 달서구 ㅇㅇ여자고등학교	166명/1,763명 (9.4%)	ETEC	물
2008년 9월 5일	서울시 강북구 강원속초 ㅇㅇ콘도	182명/288명 (63.2%)	ETEC	김치
2008년 9월 29일	안산시 상록구 ㅇㅇ고등학교	272명/2,005명 (13.6%)	ETEC	식수 추정, 불명
2008년 10월 17일	강원도 철원군 ㅇㅇ중·고등학교 보병 제 ㅇ사단	214명	EPEC	서울 동작구 ㅇㅇ푸드의 점심도시락
2009년 4월 20일	대구광역시 수성구 D중학교	211명/825명 (24.1%)	ETEC	식품 오염 전파
2009년 4월 25일	울산 중구 T고	176명/1,592명 (11.1%)	EAEC	불명
2009년 4월 27일	서울 서대문구 ㅇㅇ고등학교	387명/1,099명 (35.2%)	EAEC	감자단호박샐러드
2009년 5월 18일	대구광역시 수성구 ㅇㅇ고등학교	201명/1,810명 (11.1%)	ETEC	자장면
2009년 6월 29일	용인시 기흥구 ㅇㅇ고등학교	279명/1,087명 (25.7%)	EPEC	불명

* 질병관리본부/ 정보알림터/ 역학조사/ 역학조사 결과 보고서

6. 병원성 대장균 분포 및 오염 원인 식품

병원성 대장균은 가축이나 애완동물, 건강 보균자 및 축산시설 주위와 같은 자연 환경에 널리 분포되어 있기 때문에 여러 가지 식품이 오염원이 될 수 있다. 1997년 5월에 개최된 세계보건기구(WHO)의 전문가 회의에서는 O157의 원인 식품으로 햄버거, 로스트비프, 생우유, 사과주스, 요구르트, 치즈, 발효 소시지, 옥수수 조리식품, 마요네즈, 상추, 무순 등의 발아채소를 지적했으며, 과자에서까지 균이 발견된

사례와 동물과의 접촉에 의한 감염 사례도 보고되었다. 그 외 지하수를 비롯하여 소 생간, 햄, 주스, 샐러드, 도시락, 두부, 양배추, 채소절임, 메밀국수, 멜론 등 여러 가지 원인이 병원성 대장균에 노출되어 있다.

7. 병원성 대장균 독소 특성 및 식중독 증상

대장균 O157:H7이 생산하는 베로독소(verotoxin)는 시겔라 디센테리에(*Shigella dysenteriae*) type I의 시가독소(Shiga toxin)와 유사하며 장관상피세포에의 부착 및 탈착에 필수적인 인티민(intimin) 단백질이나 독성 플라스미드(virulence plasmid)가 병원성과 관련이 있다. O157이 생성하는 베로독소는 사람에게 설사를 유발하고 경우에 따라서는 용혈성 요독 증후군(HUS)과 복통, 경련, 의식장애를 일으킬 수도 있으며 비교적 적은 양으로도 감염이 된다.

잠복기간은 4~5일 정도로 긴 편이다. 균형에 따라 잠복기가 상이하나 위장염형의 경우 12~24시간, 이질형의 경우 12~72시간이며 사람에서 사람으로 변을 매개로 2차 감염이 일어나기 때문에 전염성이 매우 강하다. 일단 인체에 침입하게 되면 환자의 절반 이상이 발열, 두통, 복통을 일으키며 구토나 구역질을 한다. 또한 독소가 몸에 퍼져 적혈구를 파괴하며, 신장을 집중 공격하여 용혈성 요독증을 일으킨다. 치사율은 1,000명당 6~7명 정도로 낮고 심하면 신부전증이나 뇌장애를 일으킨다. 주로 해외여행자 설사의 원인균이며 유아에게 증상이 심하고 성인의 경우 급성 장염을 일으킨다.

균별로 증상을 보면 EPEC는 설사, 복통을 일으키고 살모넬라속균과 유사한 급성 위장염을 일으킨다. EIEC는 장 세포 속에 들어가, 이질 증상(혈변, 복통, 발열)을 일으킨다. ETEC는 장독소에 의해서 콜레라와 같은 심한 수양성 설사를 일으킨다. EHEC는 베로독소에 의해 복통이나 혈변 등의 출혈성 장염을 일으킨다. EAEC는 장관세포에 부착하여 장독소에 의해 산발적 설사증을 일으킨다.

8. 국내 식품의 병원성 대장균 규격

병원성 대장균에 대한 식품기준은 식품공전, 식품일반에 대한 공통기준 및 규격, 식품일반의 기준 및 규격에서 식육(제조, 가공용 원료는 제외한다), 살균 또는 멸균처리 하였거나 더 이상의 가공, 가열조리를 하지 않고 그대로 섭취하는 가공식품에서 대장균 O157:H7(*Escherichia coli* O157:H7)이 검출되어서는 아니 되며, 식품접객업소(집단급식소 포함)의 조리식품 등에 대한 기준 및 규격에서 대장균 O157:H7이 검출되어서는 아니 된다고 명시되어 있다. 또한, 식육 또는 알가공품에서 대장균 O157:H7이 음성이어야 한다(원료용 분쇄육에 한한다)고 명시되어 있으며, 과일·채소류 음료에 대한 규격에서 대장균 O157:H7이 음성이어야 한다(가열하지 아니한 제품 또는 가열하지 아니한 원료 함유 제품에 한한다)고 명시되어 있다.

9. 병원성 대장균 시험법

국내 병원성 대장균 검출 방법에 대한 식품공전 미생물 시험법, 축산물공전 미생물 시험법, 질병관리본부 병원체 실험실 진단법을 소개하고자 한다.

9-1. 식품공전 *Escherichia coli* O157:H7 시험법

1) 증균배양

검체 25g 또는 25mL를 취하여 225mL의 mEC 배지에 가한 후 35℃에서 24시간 증균배양한다.

2) 분리배양

증균배양액을 cefixime(0.05μg/L) 및 potassium tellurite(2.5μg/mL)가 첨가된 MacConkey sorbitol 한천배지〈그림 1-1A〉에 접종하여 35℃에서 18시간 배양한다. Sorbitol을 분해하지 않는 무색 집락을 취하여 EMB 한천배지〈그림 1-1B〉에 접종하여

35℃에서 24시간 배양하고, 녹색의 금속성 광택이 확인된 집락은 확인 시험을 실시한다.

(A) (B)

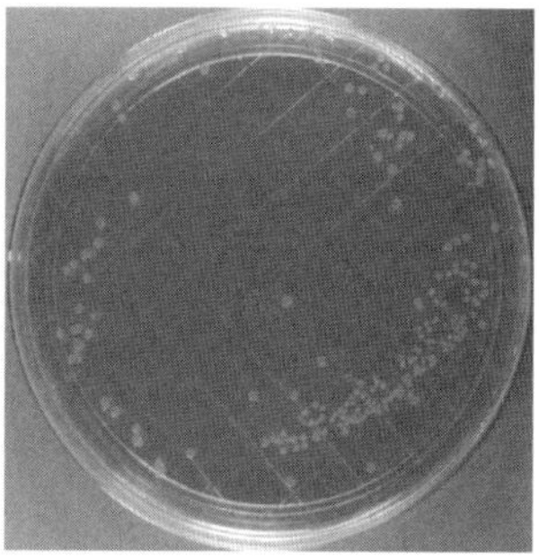

〈그림 1-1〉 *E. coli* O157:H7 배양사진. (A) CT-MacConkey sorbitol agar (B) EMB agar

3) 확인 시험

EMB 한천배지에서 녹색의 금속성 광택을 보이는 집락을 보통한천배지에 옮겨 35℃에서 24시간 배양 후 그람음성간균임을 확인하고 생화학 시험을 실시한다.

4) 혈청형 시험

대장균으로 확인동정된 균은 O157 항혈청을 사용하여 혈청형을 결정하고, O157이 확인된 균은 H7의 혈청형 시험을 한다.

9-2. 축산물 공전법 병원성 대장균(Pathogenic *E. coli*) 시험법

1) 대장균 O157:H7

대장균 O157:H7 검출은 분리동정법을 원칙으로 하고 신속하게 검출하기 위하여 공인된 검사 키트를 이용한 EIA, PCR 방법 등을 병행할 수도 있다.

(1) 증균배양

채취한 시료액 25mL(g)를 mEC broth(novobiocin 20μg/mL) 또는 mTSB 배지

(novobiocin 20μg/mL) 225mL에 37℃ 또는 42℃에서 18~24시간 증균배양 한다. 균 검출 효율을 증진시키기 위하여 동일한 배지를 사용하여 2회 연속 증균배양을 실시할 수 있다.

(2) 분리배양

증균배양액을 cefixime(0.05μg/L) 및 potassium tellurite(2.5μg/mL)가 첨가된 SMAC 및 Fluorocult *E. coli* O157 agar에 직접 또는 적절히 희석(10^2~10^3)한 다음 도말하여 37℃에서 24시간 배양한다. 배양 후 솔비톨을 분해하지 않는 집락 즉, SMAC에서는 무색, Fluorocult *E. coli* O157 배지에서 녹색인 집락에 대해 각 평판당 5개 이상씩 MacConkey agar 및 EMB agar에 획선하여 24시간 배양한다.

(3) 확인 시험

MacConkey agar에서 lactose 분해균 및 EMB agar에서 녹색성의 금속광택 집락에 대해 O157 항혈청을 이용한 응집 반응을 실시한다. 응집이 일어나는 균에 대해서는 TSI, IMViC 시험으로 대장균임을 확인한다. TSI에서 A/A (노란색/노란색)의 형성균을 대상으로 Indole(+), MR(+), VP(−), Citrate(−), Urease(−), Arabinose(+), Lysine(+), MUG(−), KCN(−), Cellobiose 분해능(−) 등의 시험으로 대장균임을 확인한다. 생화학 성상 시험은 API 키트 또는 Vitek 등의 미생물동정기를 이용할 수 있다. 대장균으로 확인동정된 것은 O157 등의 O 항혈청과 H7의 H 항혈청을 이용, 혈청학적 검사를 실시하여 혈청형을 확인한다. 대장균의 베로톡신 생성능 검사는 베로세포를 이용한 cytotoxicity assay 방법이나 PCR 방법으로 실시할 수 있다.

2) 기타 병원성 대장균

이 실험은 필요하다고 인정될 때 병원성 대장균을 검사할 수 있으며, 대장균은 장관병원성 대장균(Enteropathogenic *E. coli*, EPEC), 장관독소원성 대장균(Enterotoxigenic *E. coli*, ETEC), 장관침투성 대장균(Enteroinvasive *E. coli*, EIEC), 장관출혈성 대장균(Enterohemorrhagic *E. coli*, EHEC) 등 여러 가지로 분류하고 있다.

병원성 대장균의 분리는 대장균 O157:H7 시험법과 동일하게 실시한다. 다만 분리배양에서 MacConkey agar를 사용하고 유당을 분해하는 집락, 즉 붉은색 집락에 대해서 생화학적 성상 검사를 실시하여 대장균임을 확인하고 O26, O111 등의 O 항혈청과 H1, H11 등의 H 항혈청을 이용하여 혈청형을 확인한다. 필요하다고 인정될 때에는 베로톡신 생산 등의 병원성 시험을 실시한다.

9-3. 질병관리본부 감염병 실험실 진단 시험법 (장출혈성 대장균 및 병원성 대장균 감염증)

1) 검체

검사 재료는 분변 또는 장 내용물에서 변성을 잘 관찰하고 혈변의 경우에는 통상의 배양과 병행해서 신속법을 실시하는 쪽이 좋다. 채취 후 바로 조사하지 않는 경우에는 Cary-Blair 배지와 같은 수송배지에 넣고 실온에서 수송한다.

2) 검사방법

(1) 분변으로부터의 검사법

대부분의 EHEC O157이 sorbitol 비분해성인 균이기 때문에 분해성인 것(*E. coli* 중 약 80%)으로부터 분리에는 원칙으로서 Sorbitol MacConkey agar medium (SMAC)를 사용하지만, 그 외의 장염을 일으키는 다른 균일 가능성도 완전히 부정할 수 없는 경우에는 Desoxycholate-Hydrogen Sulfide-Lactose(DHL) 한천배지 등 다른 장내 세균의 분리 가능한 선택분리배지의 병용이 바람직하다. 유럽의 여러 지역에서는 북미 지역과는 달리, sorbitol을 분해할 수 있는 균주가 용혈성 요독 증후군 환자로부터 분리되고 있음이 보고되고 있다. ETEC, EPEC, EIEC 그리고 EAEC를 분리하기 위하여는 MAC 배지에 검체를 접종한다. 5개 내지는 20개 정도의 집락을 따서 TSB 배지에 접종한 후에 생화학적인 검사법과 분자생물학적인 검사법을 이용하여 이 집락들을 동정한다.

(2) 분리동정

① **예비동정 시험**

예비동정 시험으로는 대개 생화학적인 방법을 사용한다. O157 EHEC는 간혹 다른 종들(예를 들어, *Salmonella* O group, *Yersinia enterocolitica* serotype O9, *Citrobacter freundii*)이 O157 혈청에 반응을 일으키는 경우가 발생하기 때문에 생화학적인 테스트는 필수적이다. 특히, API20E 키트나 Vitek을 이용함으로써 간편하고 정확하게 균을 동정할 수 있다. API20E 키트에 대한 사용 방법은 매뉴얼에 따라 실행한다. 많은 EHEC O157:H7은 대장균으로서의 일반 성상을 가지는 이외에 sorbital 및 β-glucuronidase가 음성인 것이 특징이다. 이러한 예비동정 시험에 의하여 다른 종으로부터 구별된 대장균에 대한 1차적인 동정이 이루어진다.

② **확인동정 시험**

1차적으로 대장균이 분리되었으면 그 다음으로 병원성 대장균의 구별을 하기 위하여 확인동정 실험을 시행하는데, 그 방법으로는 주로 분자생물학적인 방법인 PCR 방법을 사용한다.

i) 혈청학적 시험

MAC 배지 상에서 무색의 콜로니를 분리하고 항혈청이나 라텍스 시약을 이용하여 혈청형 검사를 수행한다. 기본적인 O 응집 반응은 TSA에 발육한 균을 생리식염수에 현탁하고 121°C에서 15분 가열 후 원심침사를 생리식염수에서 농후하게 현탁한 사균액을 시료로 병원성 대장균 면역혈청을 이용해서 슬라이드 응집 반응을 실시한다. O 항원 혈청제제로서 특히, O157의 진단용 키트로는 단클론 항체 등을 이용한 것이 시판되고 있다.

편모 항원(H 항원) 검출 시험은 Sulfide indole motility(SIM) 배지에서 1~3회 계대하고 시험균주의 운동성을 강하게 한 후, TSB에서 37°C로 하룻밤 배양하고, 동량의 1% 포르말린을 첨가한 생리식염수를 첨가하여 항원액으로 한다. 병원성 대장균면역혈청 두 방울과 항원액 약 5mL을 혼합하고 50°C의 항온수조에서 1시간 반응시킨 후 판정한다.

ii) 병원성 검사 시험

병원성 대장균은 병원성 인자의 검출 여부에 따라서 병원성균으로서의 존재를 결정하게 된다. 이러한 병원성을 테스트하는 방법으로는 세포를 이용한 bioassay 방법(세포배양, 동물실험), 면역학적 방법(immunoblotting, EIA)과 DNA의 염기배열을 검출하는 방법(PCR, colony blot hybridization) 등이 있으며 가장 흔하게 쓰는 방법은 PCR 방법이다.

가) PCR에 의한 독소유전자 검출

병원성 대장균을 유발하는 중요한 병원성 인자들을 PCR 방법을 사용하여 검출하는 방법이다. 종류별로 해당되는 병원성 인자는 다음과 같다〈표 1-6〉.

〈표 1-6〉 병원성 대장균의 PCR 검출을 위한 primers

균주	표적유전자	염기서열(5′→3′)	산물 크기(bp)
EHEC	*stx 1*	CGT ACG GGG ATG CAG ATA AAT CGC CAG TCA TTA CAT AAG AAC GCC CAC	210
	stx 2	GTT CTG CGT TTT GTC ACT GTC AC GTC GCC AGT TAT CTG ACA TTC TGG	326
EPEC	*eae A*	ATG CTG GCA TTT GGT CAG GTC GG TGA CTC ATG CCA GCC GCT CAT GCG	233
ETEC	*lt*	GAT CAC GCG AGA GGA ACA CAA ACC ATC TGT AAC CAT CCT CTG CCG GAG	366
	st	CTT TCC CCT CTT TTA GTC AGT C CAC AGG CAG GAT TAC AAC AAA GT	167
EAEC	*east 1*	ATG CCA TCA ACA CAG TAT ATC CG TCA GGT CGC GAG TGA CGG CTT TG	119
EIEC	*inv*	TTT CCC TCT TGC CTG CAT ATG CGC CTC ACC ATA CCA TCC AGA AAG AAG	356

나) 역수동 라텍스 응집 반응법(RPLA)

DNA로부터 시가독소가 검출된 균에 대해서 면역학적인 방법으로 역수동 라텍스 응집 반응법(RPLA)을 이용하여 시가독소의 발현을 검사하는 병원성 검사를 시행하는데 그 내용은 다음과 같다.

- VTEC-RPLA E. coli verotoxin 1과 2의 진단 키트를 사용하고 매뉴얼에 따라 실행한다.
- 정치배양과 교반배양 둘 다 사용되지만, 정치배양이 배양 조건에 의한 영향을 덜 받으므로 일반적으로 추천된다.
- 정치배양은 BHI agar에 37℃에서 16~20시간 동안 배양한 후 Polymyxin B solution 1mL에 집락을 현탁시키고 37℃에서 30분간 5~10분 간격으로 교반하여 배양한다. 900g에서 15분간 원심분리 하고 상층액을 시험에 사용한다.
- 교반배양은 CAYE 5mL에 접종하고 37℃에서 16~20시간 동안 교반하여 배양한 후(120~150rpm) 900g에서 15분간 원심분리 하고 상층액을 시험에 사용한다.

II

살모넬라

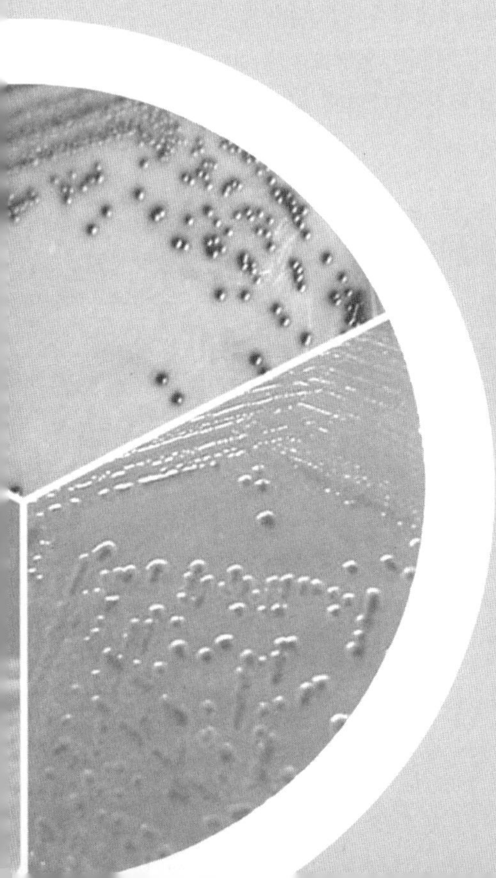

질병을 발생시키지 않는 몇몇 종을 제외한 대부분의 살모넬라 종들은 사람과 동물의 장에 주로 서식하며 심각한 영향을 끼치는 병원성 세균들이다. 이들 균들은 그람음성이며 통성혐기성(facultatire anacrobic)으로 대부분 운동성을 가지고 있다. 티푸스균(*Salmonella typhi*)은 사람에게서 장티푸스를 일으키고, *S. parathyphi*, *S. schottmuelleri*, *S. hirschfeldii* 등은 파라티푸스열을 일으키며, 이들 모두 장염균(*S. enteritidis*)의 변종으로 여겨진다. '살모넬라'라고 불리는 세균(bacteria)에 의해 발생하는 감염 상태를 살모넬라증이라 하는데, 이들 세균은 냉각하면 증식은 억제되지만 죽이지는 못하기 때문에 대부분의 음식물에서 증식할 수 있다. 이러한 음식을 먹게 되면 식중독을 일으켜 위장염(gastroenteritis)에 걸릴 수 있다. 돼지에서 볼 수 있는 돼지콜레라균(*S. choleraesuis*)은 사람에게 심한 패혈증(septicemia)을 일으키고, *S. gallinarum*은 조류티푸스를 일으킨다. *S. arizonae*는 미국 남서부에 서식하는 파충류에서 추출되었다.

그람음성균(Gram negative bacteria)

그람염색법으로 염색하였을 때 자주색은 탈색되고 사프라닌으로 붉게 염색되는 세균으로 그 종류는 살모넬라균, 이질균, 티푸스균, 대장균, 콜레라균, 페스트균, 임균, 수막염균, 스피로헤타 등이 있다. 일반적으로 트리페닐메탄계나 아크리플라빈 색소에 대한 저항력이 강하고 계면활성제에도 내성이 강하다. 또 생존에 필요한 영양요구가 간단하여 단순한 구성의 배양액에서도 잘 자라며, 독소는 균체내독소로 가열에 의해서도 잘 파괴되지 않는다. 균체 항원의 주체가 되지만 면역성은 약하다.

통성혐기성균(Facultative anaerobes)

산소가 존재할 땐 호기적 호흡(aerobic respiration)으로 ATP를 생성하고 산소가 없을 땐 발효(fermentation)를 통해 ATP를 생산해낼 수 있는 세균을 일컫는다. 통성혐기성 세균으로는 포도상구균(Staphylococcus, 그람양성세균), 대장균(그람음성세균), 코리네박테리움(Corynebacterium, 그람양성세균), 그리고 리스테리아(Listeria, 그람양성세균) 등이 있다.

파라티푸스열(Paratyphoid fever)

대개 장티푸스보다 증상이 가벼우며 몇 가지 세균이 원인이다. 파라티푸스열을 일으키는 세균에는 살모넬라 파라티피(Salmonella paratyphi: 파라티푸스 A), 살모넬라 쇼트뮬레리(S. schottmulleri: 파라티푸스 B), 살모넬라 히르쉬펠디이(S. hirschfeldii: 파라티푸스 C)가 있다. 감염경로, 전파, 임상적 경과, 병리소견, 진단, 예방과 치료는 장티푸스와 비슷하다. 장티푸스와 파라티푸스 A는 사람에게만 있는 질병인 반면 파라티푸스 B는 다른 동물과 새들에서도 발견된다. 따라서 이들은 음식과 물이 또 다른 오염수단이 된다.

장티푸스(Typhoid)

장티푸스균(Salmonella typhi)에 의해 생기는 급성 전염병이다. 이 세균은 주로 감염된 음식이나 물을 먹을 때 입을 통해 신체로 들어가 장벽을 뚫고 림프 조직 내에서 증식한다. 그 다음 24~72시간 내에 혈류로 들어가 패혈증과 전신감염을 일으킨다. 평균 10~14일의 잠복기가 지나면 두통, 무력감, 몸살, 열과 함께 수면을 이루지 못하고 안절부절 못하는 등의 초기증상이 나타난다. 식욕감퇴, 코피, 기침, 설사, 변비 등도 나타난다. 열이 계속 있으며 보통 단계적으로 열이 계속 오르다가 점차로 떨어진다. 7~10일이 지나면 체온이 39.4~40℃로 최고에 달하고 그 다음 10~14일 동안에는 아침에만 약간 열이 내리는 현상이 계속된다. 초기 며칠 동안에는 활동이 가능하다. 2주째 접어들면 많은 양의 세균이 혈류에 있게 되는데 이때는 작고 장밋빛을 띠는 반점이 몸통에 나타나고 4, 5일 지속되다가 점차 없어진다. 세균이 증식한 장벽의 림프 소절이 괴사되어 떨어지면서 장벽에 궤양을 만든다. 죽은 장조직 조각들은 혈관을 침식해 들어가서 장출혈을 일으키고, 장벽에 천공을 만들어 장내용물이 복강으로 빠져나오게 할 수도 있다(복막염). 다른 합병증으로는 담낭의 급성 염증, 심부전, 폐렴, 골수염, 뇌염, 뇌막염 등이 있다. 지속적으로 고열이 계속되면 증상은 매우 심해지고 정신혼돈과 섬망이 나타날 수도 있다. 3주 말쯤 되면 환자는 기진하여 쇠약해진다. 또한 복부 증상이 두드러지고 정신혼란이 뚜렷해진다. 양호한 경우에는 4주가 시작되는 무렵부터 열이 내리기 시작해 증상이 경감하고 점차 정상으로 돌아온다. 치료하지 않으면 25% 정도의 환자들이 사망한다. 장티푸스 유행의 가장 흔한 원인은 공동식수의 오염에 있다. 그러나 식품과 우유를 다루거나 가공하는 일에 종사하는 사람들을 통해서 음식과 우유로 오염될 수도 있다. 파리에 의해서, 또는 세척시 오염된 물을 사용함으로써 걸리는 경우도 있다. 오염된 물에서 자란 조개류, 특히 굴이나 잘 처리되지 않은 하수로 오염된 토양에서 자란 채소 등도 위험하다. 장티푸스를 예방하는 것은 하수오물의 처리, 상수의 여과와 염소소독, 그리고 보균자를 요식업에 종사하지 못하도록 함으로써 가능하다. 20세기 초반에 죽은 장티푸스균을 이용한 예방 백신이 개발되었는데 주로 군대와 병원에서 사용되어 장티푸스의 발병률을 떨어뜨리는 데 많은 기여를 했다. 예전에는 장티푸스의 치료법이 지지요법뿐이었으나 1948년 이후부터는 항생제가 이용되고 있으며 특히 클로람페니콜(chloramphenicol)이 효과적이다. 치료 시작 후 3, 4일 내에 열이 떨어지기 시작하고 그 이후에 점차 경과가 좋아진다. 재발을 막기 위해 몇 주 동안 약물치료를 계속한다. 암피실린도 효과적인 대체약물이며, 대개 다른 약과 함께 병행하여 사용된다. 장티푸스 환자의 30% 가량은 일시적인 보균자가 된다. 이런 사람들은 수주일 또는 수개월 동안 대소변 내에서 원인균이 배출된다. 약 5%만이 장기적 보균자로 남는데 이들은 수년 동안 병균을 배출한다. 이 경우에는 병에 걸렸음을 알 수 있는 증상은 나타나지 않는다. 주로 담낭과 담관 통로에서 세균을 발견할 수 있다. 지속적으로 또는 간간이 세균이 배출된다.

1. 분류학적 위치

살모넬라의 분류학적 위치는 세균계 Proteobacteria문 Gamma Proteobacteria강 Enterobacteriales목 Enterobacteriaceae과 *Salmonella*속이다. 살모넬라와 대장균속(*Escherichia*)은 매우 밀접하게 연관되어 있어 두 속은 DNA:DNA 혼성화에서 50%의 유전체 상동성을 보인다. 그러나 대부분의 대장균속의 세균과는 달리 살모넬라속의 세균은 대개 사람이나 다른 온혈동물에게 병원성을 나타낸다. 살모넬라균속은 두 개의 종으로(*S. enterica* 와 *S. bongori*)로 분류되며, *S. enterica*는 *S. enterica* subsp. *enterica* 등 6개의 아종(subspecies)으로 나뉜다. *S. bongori*는 이전에는 *S. enterica* subsp. *bongori*로 명명되었으나 현재는 독립적인 종으로 분류되어 있다. 살모넬라 세포벽에는 LPS(lipopolysaccharide)로 되어 있는 균체(O) 항원이 있고 편모에는 편모(H) 항원이 있으며, 이들 항원의 조합에 의하여 다시 세분되어 현재 2,500여 종 이상의 혈청형으로 구성되어 있다.

2. 감염경로(주요 서식처와 발생)

살모넬라증은 일반적으로 널리 분포하고, 특히 북미나 유럽 각국에서는 가장 많이 발생한다고 보고되어 있다. 살모넬라가 포함된 사람, 야생동물 또는 가축의 대변에서 직접 또는 간접적으로 오염된 식품의 섭취가 감염의 주요한 원인이다. 각 동물이 살모넬라 감염으로 증상을 나타내는지에 대해서는 명확하진 않지만 가축 및 가금류 중에서 가장 높은 보균동물은 닭, 돼지, 소의 순이다. 살모넬라의 어떤 혈청형은 이들 동물에 숙주특이성을 나타내나, 어디까지나 어린 동물 때이며, 성축에서는 거의 병원성을 나타내지 않는다. 가축 보균의 원인은 먹이이다. 어분, 식육, 생선찌꺼기, 동물의 몸체 일부 등이 동물성 생사료로 사용될 때 살모넬라 오염이 있으면 가열, 건조로도 생존할 뿐만 아니라, 공장 내의 공기 오염으로 더욱 확대되는 경우도 있다. 110℃, 2.5~3.5시간의 습열 조작으로 사멸하지만, 펠렛화하면 더욱 감소된다. 실험적으로는 87.8℃, 2~3분간 최종 가열로 완전히 살모넬라 오염을 막을 수가 있다. 미국의 한 조사에서는 골분, 페더, 어분 등의 먹이에서 4~85%의 살모넬라 오염을 볼 수 있었다. 이들 오염은 동물의 보균은 물론이고 농장 환경의 가장 중요한 오염원이 된다. 개도 또한 살모넬라를 보균하며, 때로는 유아 살모넬라증의 원인이 되는 것으로 보고되어 있다.

돼지는 먹이나 물, 그리고 주변 환경, 보균 돼지로부터 살모넬라에 감염될 수 있다. 계류나 수송 스트레스는 살모넬라균 배출을 증대시키며 그밖에 도살장에서도 일어난다. 다음으로 발, 항문 부위에 존재하는 살모넬라는 도체의 침지수 오염, 더욱이 도체 표면 오염에 관련되고 기계에 의한 탈모 시에도 비산한다. 또한 내장 제거, 해체 시에도 오염은 확대된다. 유럽과 미국에서는 돼지고기의 오염은 35%에 달하는 것으로 보고되어 있다.

소는 어분, 골분 등을 포함하는 농후사료를 그렇게 많이 섭취하지 않는다는 점과 돼지와 같이 탈모 과정이 필요 없다는 점에서 돼지만큼 보균율이 높지 않다. 계류 중 감염 증대는 돼지의 경우와 똑같다. 쇠고기 오염은 유럽과 미국에서 10% 이하, 남미에서 20% 정도라고 한다. 어쨌든 도살 시 동물의 장내에 존재하는 살모넬라가 식육으로 전이되거나, 도살장의 바닥, 벽 등으로부터 간접적으로 식육으로 오염되기 때문에 동물의 보균이 완전하게 배제되지 않는 한 살모넬라 오염이 전혀 없는 식육의 생산은 불가능하다.

닭의 살모넬라 감염은 부화 시 양계장 및 먹이나 물에 의하여 일어나고, 장관이나 난소에 보균되며, 다리와 깃털 등으로 오염된다. 닭고기의 오염은 가금처리장에서 부위별 해체 시에 일어난다. 침지공정(55℃, 100초)에서 생존하며, 오염된 깃털이 우모제거기를 오염시키고, 체표면으로 확대된다. 균의 편모나 섬모가 체표나 털구멍에 부착하면 스프레이 세척법을 이용하더라도 약간의 균만 제거되기 때문에 오염은 여전히 남게 된다. 교차 오염은 내장을 제거할 때에는 물론이고 냉각, 포장, 해체, 내장을 분류할 때에도 일어난다. 판매점에 있어서도 먼지, 슬라이스기계, 식칼, 도마, 작업자의 손가락을 통해서도 증폭될 수 있다. 오염된 닭고기는 다른 식품에 2차 오염을 일으키고 적절한 보존을 지킬 수 없을 때에는 집단식중독의 원인이 된다. 서양에서 이들 식품의 오염은 50%를 상회하는 것으로 나타난다.

달걀의 살모넬라 오염의 원인은 가금의 난소, 난관 등과 관련짓게 되나, 실제로는 병아리 백리균(*S. pullorum*, *S. gallinarum*)과 같이 숙주특이성을 갖는 혈청형 이외에서는 드물다. 분변, 바닥 등으로부터 달걀 껍데기의 표면이 오염되면 살모넬라가 껍질을 통과하여 내부로 침입하는 것이 일반적이다. 특히 금이 간 달걀에서는 살모넬라 감염이 증대되고, 냉각이나 건조로 감소한다. 침입한 살모넬라는 증식에 적당한 온도가 되면 난황(노른자) 부분에서 급속히 증식한다. 그러나 난백(흰자)에서는 높은 pH(9.0 이상)와 리조틴, 콘알부민이 존재하기 때문에 생존하기는 하나 증식은 억제되어 신선란의 오염률은 극히 낮고, 만약 검출되었다고 하여도 균 수는 적다. 살균되지 않은 달걀이나 건조된 분말가루로부터 살모넬라가 검출되는 일이 종종 있다(약 20%). 미살균된 전란(노른자 + 흰자) 및 건조란 분말을 사용한 케이크, 푸딩, 파이, 아이스크림, 마요네즈를 사용한 샐러드 등이 살모넬라증의 원인 식품으로 보고되어 있다. 또 오염란은 그 표면이 조리장이나 조리인의 손가락을 오염시켜 감염의 원인이 되기 때문에 미국에서는 액란의 저온살균(60.5℃, 3.5분)을 의무화하고 있다.

우유 및 우유 가공품에서는 생유가 때로는 살모넬라증의 원인으로 되는 일이 있긴 하나, 대부분의 오염은 대변으로부터 발생한다. 발효식품 중에서는 유산균의 발육에 의하여 낮은 pH가 유지되기 때문에 살모넬라의 증식이 억제되어 살모넬라증의 원인 식품이 될 수 없다. 축산식품 이외의 식품으로 과거에 집단발생의 원인이 된 것으로는 건조이스트(dry yeast), 건조소맥분, 건조코코넛, 초콜릿이 있으므로 과자를 제조할 때, 이들 오염에 주목해야 한다.

원인 식품으로는 고기 종류와 난류(달걀, 오리알, 거위알, 메추리알 등)가 으뜸이지만 실제 식중독 발생 사례는 특정 식품에 국한되지 않고 다양하다. 이는 도시락 반찬으로 식육 제품들이 흔히 사용되고 있고 메추리알이나 달걀을 이용한 식품들이 조리되어 널리 섭취되기 때문이다. 현대적 시설을 갖춘 양계장에서 생산되는 달걀은 살모넬라의 오염 우려가 적지만 메추리알은 현재에도 상당한 주의를 기울일 필요가 있다. 특히 살모넬라는 적당한 습도가 되면 알의 껍데기를 통해 내부에 침입하여 그 속에서 증식하는데, 메추리알의 경우 껍질이 매우 얇아 취급 중에 금이 가기 쉽고 이를 통해 쉽게 오염될 수 있기 때문에 세심한 주의가 요구되고 있다.

계류(Mooring)

일정한 곳을 벗어나지 못하도록 밧줄 같은 것으로 붙잡아 매어 놓음.

도체(Carass)

도살한 가축의 가죽, 머리, 발목, 내장 따위를 떼어 낸 나머지 몸뚱이.

침지공정(Soaking process)

물속에 담가 적시는 절차.

3. 감염증

살모넬라에 의한 질환의 2/3는 장염 증세인데, 혈청형에 따라 증상이 서로 다르다. 예를 들면 *typhi*와 *paratyphi* A에서는 고열과 균혈증이지만 다른 식중독의 혈청형에서는 급성 위장염이 통상이다. 급성 위장염은 식중독이라고 말하는 것으로, 살모넬라에 의한 장관 감염증을 지칭한다. 이들은 포도상구균, 콜레라균 등과 같이 균체외 독소는 관여하지 않는다. 잠복시간은 8~48시간으로, 오한과 구토로 시작하여 2~3시간 후에 복통을 일으킨다. 설사는 1일 1~2회의 경증에서부터 1일 수회로부터 수십 회로 3~4일간 지속하는 중증도 있다. 심하면 혈변도 발생한다. 체온은 38℃로 24~48시간 지속되는 것이 보통이다. 또 성인의 급성 위장염에서는 4% 정도의 비율로 균혈증을 볼 수 있다. 때로는 급성 충수염 또는 담석증으로 오진되는 것과 같은 심한 복통도 있다. 대략 5일 내에 자연 치유되나 일주일 정도 지속되는 경우도 있다. 소아 및 고령자의 위장염 증상은 일반 건강인에 비해 중증을 나타내곤 한다.

살모넬라는 병소 감염도 가능한데 패혈증을 일으킨 후에 골수염, 수막염 등 국소 조직에 감염을 일으킨다. *S. typhimurium*과 *S. choleraesuis*가 주원인 균들이다. 이 감염형에서는 위장염 증상이 없고, 대변으로부터 균이 검출되지 않음에도 불구하고 고열이 지속되는 경우가 있다.

마지막으로 티푸스증은 일반적으로 *typhi* 및 *paratyphi* A에 의한 것으로 다른 혈청형에 의해서도 일어나는 경우가 있으나, 임상 증상은 보통 가볍다.

한편, 무증상 보균자는 직업에 따라 상이하나, 식품 취급자에서 대략 0.5%로 생각된다. 살모넬라에 의한 급성 위장염에서는 개체 수의 차이도 있으나 급성기의 대변에서 배출되는 균의 수는 106~109개/g로 회복됨에 따라 서서히 균 수가 감소한다. 3개월 안에 환자의 약 90%가 균 배출이 관찰되지 않으나 때로는 1년 또는 그 이상의 장기 보균도 관찰된다. 이와 같은 균 배출의 연장은 *typhi* 및 *paratyphi* A에서 3%, 기타의 혈청형에서 1%이다.

충수염(Appendicitis)

맹장염, 충양돌기염이라고도 하는데 충수에 생기는 염증을 일컫는다. 맹장에 붙어 있는 벌레 모양의 게실(diverticulum)인 충수의 강(cavity)이 폐쇄되어 발생한다. 충수의 입구가 막히는 가장 흔한 원인은 배설물이 굳어서 형성된 분석(fecalith)이며, 충수벽의 내막이 부풀어 올라 입구가 막히는 경우도 있다. 충수의 내용물이 배설되지 못하면, 액체와 충수에서 분비되는 점액이 충수에 모여 부종이 생기고 팽윤되며 충수가 늘어나게 된다. 점점 더 크게 늘어나면 충수의 혈관이 막혀 충수조직이 괴사된다. 그러는 동안 장에 정상적으로 존재하는 세균이 이렇게 막힌 주머니 안에서 증식하여 염증이 악화된다. 충수는 괴사되어 약해지고, 부풀어서 내부의 압력이 커지면 터질 수 있는데 이런 경우 내용물이 복강으로 쏟아져 들어가 복강과 복부의 장기를 덮는 막이 세균에 감염되기도 한다. 다행히 대부분의 경우 인체의 보호 메커니즘으로 복막염을 예방할 수 있는데, 한 겹의 지방조직으로 된 장막(omentum)이 염증이 생긴 충수 주변을 덮고, 보통 염증 부위에서 흘러나오는 삼출액이 풀처럼 작용해서 충수를 봉합으로써 주위 복강으로부터 충수를 격리시킨다.

충수염 환자는 복부 전체에 통증을 느끼거나, 상복부나 배꼽 근처에서만 통증을 느낀다. 통증은 그리 심하지 않다. 1~6시간이 지나면 통증이 배의 오른쪽 아래로 국한되기도 한다. 통증이 시작된 지 얼마 후에 구역질과 구토를 하는 경우가 있다. 열이 나는 것이 보통이지만 처음부터 열이 높게 오르는 일은 드물다. 환자의 백혈구가 정상 어른의 5천~1만 개보다 많아져 1만 2천~2만 개 정도 되는 것이 보통이다. 이런 현상은 복부에 여러 가지 다른 급성 염증이 생기는 경우에도 나타난다. 충수가 정상적인 위치에 있는 사람은 배꼽과 오른쪽 권골의 앞쪽 모서리 사이에서 충수염의 통증이 생긴다. 그러나 많은 사람들은 충수가 비정상적인 위치에 있기 때문에 충수염의 통증이 다른 부위에서 느껴질 수 있고 여러 가지 다른 질병으로 인한 복통과 구별하기 어려울 때도 있다. 의사가 주의 깊게 검사하면 환자의 복부 통증이 급성 충수염에서 비롯된 것인지의 여부를 정확히 진단할 수 있다. 충수염은 충수절제술이라는 간단한 수술로 제거하는 것이 근본적인 치료법이다. 마취시켜서 수술하는 데 30여 분이 걸리며, 수술한 뒤 불쾌감은 거의 없다. 요즈음에는 급성 충수염이라고 확실하게 진단할 수 없으면 정확한 진단을 위해 10~24시간 정도 기다리면서 관찰한다. 이렇게 기다리면 충수가 터져 복막염이 생길 위험이 커지므로 환자를 주의 깊게 계속 관찰해야 한다.

4. 식중독 증상

살모넬라 식중독의 잠복시간은 8~48시간으로 평균 24시간 전후이다. 주요 증상은 복통, 설사, 발열로서 간혹 구토와 어지러움을 수반하기도 한다.

복통은 배꼽 주변에 국한되는 예가 많으나 반드시 그렇지는 않고, 수양성 설사(watery diarrhea)나 무른 설사와 함께 혈변이나 점액변을 수반하는 경우도 있다. 38℃ 전후의 열이 있어 감기로 잘못 이해되는 경우도 있다. 경과는 비교적 양호하며 가벼운 경우 2~3일 내에 회복되고 항생제로 치료할 때에는 일시적으로 살모넬라가 소실되지만 투약을 중지한 후 얼마 되지 않아 다시 살모넬라를 배설하는 장기 보균자도 있으므로 살모넬라 장염 환자나 건강 보균자에 대한 정확한 치료는 현실적으로 어려운 문제이다.

〈표 2-1〉 미국, 연도별 인구 10만 명당 살모넬라 식중독 발생률

병원체	2001	2002	2003	2004	2005	2006	2007	2008	국가보건목표
살모넬라	15.01	16.20	14.42	14.61	14.49	14.72	14.86	16.20	6.80

* 식중독 통계 시스템(http://e-stat.kfda.go.kr/intro.jsp)

〈표 2-2〉 우리나라 연도별 살모넬라 식중독 발생 건수 및 환자 수

병원체	2002	2003	2004	2005	2006	2007	2008
건수	25	17	23	22	22	42	22
환자 수	589	416	839	약 800	약 530	약 1,460	387

* 식중독 통계 시스템(http://e-stat.kfda.go.kr/intro.jsp)

5. 식중독 사례

5-1. 1998년 4월 21일 충청남도 소재 ○○회사 기숙사 식당에서 김밥과 돼지고기 등을 섭취하였던 직원 5명이 4월 23일부터 설사와 발열, 복통을 호소하여 인근 의원에서 치료를 받았다. 보건당국에서는 이들의 가검물을 채취하여 검사한 결과 4명의 가검물에서 *S. enteritidis*가 검출되었다.

5-2. 1998년 4월 22일 오후 10시경 전남 고흥군 한 마을 주민 중 28명이 설사, 구토, 복통 증세를 호소하여 인근 병원에서 치료를 받았다. 이들 환자들은 4월 22일 마을 상가에서 집단 배식한 도시락을 섭취하였다. 이들의 가검물과 섭취 후 남은 도시락을 수거하여 검사한 결과 환자 28명과 도시락 1개에서 *S. enteritidis*가 검출되었다.

5-3. 1998년 3월 28일 제주도 서귀포시 ○○초등학교 학생 중 다수가 설사, 복통, 구토, 발열 증세를 보였다. 이 학교에서는 단체급식을 시행하고 있었으며, 3월 19일부터 20일 사이 수학여행을 다녀온 적이 있었다. 또한 21일에는 물의 날 행사 관계로 학생들이 여러 종류의 음식을 섭취한 경험이 있었다. 이에 따라 학교 조리사를 비롯한 발병 학생 12명에 대한 세균검사를 실시한 결과 학생 8명의 검체에서 *S. enteritidis*가 검출되었다.

5-4. 1998년 2월 14일 오후 12시 30분경 제주도 서귀포의료원에 4명의 설사 환자가 내원함에 따라 이 사실이 보건소에 접수되었다. 이후 12시 40분경 다시 설사 환자 3명이 보건소에 내소하여 치료를 받고 귀가하였다. 이에 따라 보건소에서는 이들에 대한 역학조사 및 방역소독, 보건교육 등을 실시하였으며, 이들이 2월 13일 한 결혼식에 참석하였고 결혼식 참석 인원이 총 300여 명임을 확인하였다. 2월 15일 10시경 10명의 설사 환자가 추가 신고되었으며, 22시경에는 추가로 60명이 확인되었고, 2월 16일에는 제주시와 북제주군 등지에서 63명이 확인되는 등 계속하여 환자 발생이 신고되어 2월 16일 오후 4시 현재 모두 147명의 설사 환자가 결혼식 음식과 관련 있는 것으로 나타났다. 이 중 28명의 환자검체와 섭취 후 남은 음식 4건에서 *S. typhimurium*이 검출되었다.

5-5. 1996년 4월 7일 오후 12시 30분경 인천광역시 소재 한 뷔페식당에서 열렸던 잔치에서 식사를 한 400명 중 일부가 4월 8일 10시경부터 근육통과 함께 가벼운 설사 증세를 호소하였다. 이에 따라 4월 10일 오전 9시 인천시 소재 각 보건소에서는 설사 환자 신고 접수를 한 결과 그 당시 뷔페 식당에서 식사를 하였던 사람 중 39명이 이와 같은 증세를 보이는 환자로 신고되었다. 이들의 대변을 채취하여 검사한 결과 21명에게서 *S. london*이 검출되었다.

5-6. 1997년 7월 7일 오후 5시경 연천군과 포천군에서 농촌 봉사 활동을 하던 대학생과 주민이 연천군 ○○음식점에서 조리된 돼지 편육을 구입하여 먹은 후 100명이 7월 8일 오전 3시부터 복통, 설사 증세를 호소하여 70명이 입원하고 30명이 통원치료를 받았다. 이에 따라 경기도보건환경연구원 및 연천군보건의료원, 포천군보건소 합동으로 섭취 음식과 환자들의 대변을 채취, 균 검사 결과 환자 13명과 돼지 편육에서 *S. seftenberg*가 검출되었다.

5-7. 2009년 5월 11일 충남 아산 G호텔에서 뷔페 음식에 의한 집단식중독 사태가 발생하였다. 확인된 환자만 100여 명에 이르렀으며, 추정 환자까지 포함하면 그 수는 더욱 늘어날 것으로 예상되었다. 보건환경연구원이 통보해 온 결과에 따르면 이 사건의 식중독균은 '살모넬라(*Salmonella enteritidis*)'로 밝혀졌다.

5-8. 2008년 6월 살모넬라균에 의한 식중독 증세가 미 전역의 16개 주에 확산돼 보건당국이 고심하고 있었다. 미 보건당국은 미전역에서 16개 주에서 모두 50여 명의 살모넬라의 '세인트폴(*S. saintpaul*)' 감염 사례를 확인했으며, 이는 오염된 토마토와 익히지 않은 식품에 의한 발병이라고 밝혔다.

6. 진단 및 치료

살모넬라증은 사람에게는 식중독의 원인이 되며 가축에게는 여러 질병의 원인이 된다. 살모넬라증은 사람에게서 잠복기간을 거쳐 발열, 두통, 복통, 설사, 구역, 구토 등의 위장 증상을 나타낸다. 탈수가 일어나고, 유아나 고령자는 중증이 될 수 있으며, 급성 증상은 1~2일 만에 사라지나 식욕 부진과 설사는 7일간 계속되기도 한다. 때로는 급성 장염으로 시작되어 패혈증이나 농양, 관절염, 담낭염, 심낭염, 폐렴, 농피증, 신우신염 등을 초래하며, 유아나 고령자, 면역억제 환자가 사망하는 일이 있지만 대단히 드물다. 기타 살모넬라의 경우 아주 민감한 사람에게는 낮은 농도로도 감염이 되지만 보통 10^2~10^3 이상의 농도에서 감염이 되며, 인체의 어느 조직에나 감염될 수 있다. 살모넬라증을 임상 증상만으로 진단하는 것은 곤란하기 때문에 대변, 혈액, 요, 기타 검체에서 살모넬라를 분리하여 혈청응집가의 측정을 통해 수행한다.

살모넬라에 의한 급성 위장염은 숙주나 혈청에도 좌우되나, 일반적으로 경증으로 사람에서 사람으로 옮기는 것은 아니지만 병원에서는 사람끼리의 옮김도 관찰된다(특히, 신생아실 및 소아과병동). 우선 대증요법으로 수분 보급과 전해질 관리를 하면 서서히 회복된다. 항생제의 투여는 분리균이 투여하는 항생제에 감수성을 나타낸 경우에도, 치료에 무익할 뿐만 아니라 오히려 살모넬라균 배출을 연장시킨다. 유아에 대한 항생제 투여의 이중맹검법에서도 투여군의 53%에서 균의 재배출이 인정되었고, 그 중에 1/3은 설사의 재발이 관찰되었다고 한다. 또 분리균의 약제내성의 획득, 급성 위장염 또는 단순한 보균이 균혈증을 수반한 전신 증상으로의 변화 등 장점은 볼 수가 없다. 티푸스증에서는 클로람페니콜(CP) 정맥주사, CP내성균에는 암피실린(ABAC) 정맥주사, 설파메소키사졸·트리메토프림 합제(ST합제)의 경구 투여가 권장된다. 건강보균자에 대한 항생제의 투여는 전혀 의미가 없다.

맹검법(Blind experiments)

신약(new medicine)의 임상 시험에서 가약(placebo)을 투여하는 대조군(control)을 두는데 어느 것이 가약인지 의사 또는 피검자(examinee)가 모르게 하는 시험법, 피검자만 모르는 단순 맹검법과 의사와 피검자 모두 모르는 이중맹검법이 있다.

7. 예방법

최근 우리나라에서 가축, 식품 및 환경에서의 살모넬라 오염이 증가하면서, 서구와 같은 정도로 살모넬라에 의한 감염증이 증가하였다. 이는 식생활의 서구화 기호에 따라서, 축산식품을 섭취하는 기회가 증가해왔기 때문이다. 가장 우선시되는 예방법은 농수산 영역에서는 살모넬라 보균 동물이나 닭의 도태, 수입검역의 강화, 예를 들면 *S. enteritidis* 감염 종계(種鷄)의 배제 등일 것이다. 그러나 보균이 적발되었다고 하더라도, 건강 상태는 일반 동물과 하등 다르지 않기 때문에 그렇게 간단히 배제할 수가 없다.

식품위생 영역에서는, 식품에 들어 있는 살모넬라를 조리 과정에서 살균이 가능하게 하는 것이다. 현재 달걀 오염에 기인된 *S. enteritidis* 감염증이 사회문제로 대두되었고, 그 예방대책의 하나가 살균이다. 신선한 달걀에서는 오염균 수가 미량이기 때문에 건강인이 반드시 발병한다고 말할 수는 없다. 그러나 그 오염란이 할란(opened egg)되어 대량의 전액란을 오염시킬 수 있고 충분한 가열살균 과정을 필요로 하지 않는 식품, 예를 들면 가정에서 만든 마요네즈, 아이스크림, 양과자 등에 사용될 경우 위험도가 증가하므로 이런 경우에는 연속식 저온살균법(60℃, 3.5분)이 권장된다.

다음은 식품 중의 살모넬라 증식 방지일 것이다. 살모넬라의 발병 균량에 대하여는 여러 가지 설이 있으나, 대략 10^5~10^6개로 생각하고 있다. 과거의 식중독 사례조사에서 1,000개 이하라는 보고도 있지만, 8℃ 이하의 냉장보존이 지켜지면 발병 균량에 이르지 못하게 된다. 식육을 예로 들더라도 도축장에서 판매점포, 가정으로의 유통 과정에서 최초의 오염을 증폭시키지 않도록 하는 온도 관리가 무엇보다 중요하다.

오염이 예상되는 축산식품의 목록을 작성하는 한편, 위험도가 높은 숙주인 어린이, 노인, 기초질환을 갖는 환자의 살모넬라에 대한 감수성을 배려할 필요가 있다. 즉 육식, 특히 닭이나 달걀은 없어서는 안 되는 단백질 식품이므로, 저온유통은 물론이고, 충분한 가열조리와 단시간 내의 섭취가 권장되어야 할 것이다.

식품 취급자, 예를 들면 조리 종사자의 살모넬라 보균이 살모넬라 집단식중독의 원인이 되었다는 보고가 많다. 영국에서는 연속 3회의 검변에서 살모넬라가 검출되지 않으면 보균자로 다루지 않는다. 하지만 상세하게 조사하여 증상이 있으며 또한 고형변이 아닌 상태에서는 조리 분야의 취업을 금하고 있다. 일례로 조리 시 손가락에 살모넬라가 오염되면 날로 먹는 식육에서 살모넬라 발병 가능성이 높다. 집단식중독 사례에서 때때로 조리 종사자로부터도 환자와 동일한 혈청형의 살모넬라가 검출되고, 감염원으로 의심된다.

식품취급업자나 소비자에 대한 위생교육도 중요한 예방대책 중 하나다. 정보화시대라고 일컬어지는 오늘날에는 식중독의 유행 예측에 관한 검사실 정보의 신속한 홍보도 소홀히 해서는 안 된다. 최근에는 식품의 국제유통 확대, 여행자감염증의 증가 등으로 원격지에 존재하는 혈청형이 우리나라에 순식간에 유행하기도 한다.

마지막으로 살모넬라 식중독의 예방에 관한 것이다. 살모넬라는 우리 주변 환경에 널리 분포되어 있기 때문에 인위적으로 모든 살모넬라를 제거하기란 불가능한 상태이다. 즉 도살장의 시설 전체가 높은 수준으로 오염되었다면 식육 등의 오염을 완전히 방지한다는 것은 현실적으로 불가능하다. 따라서 식육으로부터 살모넬라 오염을 확산시키지 않기 위하여 저온유통을 철저히 하여 살모넬라의 증식을 억제하는 것이 가장 바람직한 수단이다. 따라서 음식물 제공자나 소비자는 오염 우려가 있는 음식물에 대하여 가열조리를 철저히 함과 아울러 조리 후 2차 오염 방지와 함께 증식 기회를 주지 않기 위하여 조리식품은 가급적 빨리 먹는 것이 바람직하다.

8. 혈청형

살모넬라균들은 균체 항원(O)과 편모 항원(H)이 특별히 진단에 사용된다. O 항원은 세포벽에 존재하는 내열성의 단백질－다당질－지질복합체로서 다당질에 항원특이성이 존재한다. 또 H 항원은 열에 쉽게 변성되는 이열성(heat labile) 단백질이다. O 항원에 의하여 O군으로 대별하고 다시 H 항원과의 조합에 의하여 고유의 혈청형으로 세분된다. 이와 같은 분류 방식에 의하여 살모넬라의 혈청형을 표기한 것을 Kaufman-White의 항원구조표라고 한다. 혈청형 구조는 우선 O 항원, 제1상 H 항원 및 제2상 H 항원의 순으로 기재한다. 예를 들면, 혈청형 *typhimurium*은 1, 4, 5, 12(O)와 I(H1), 그리고 1, 2(H2)의 항원식이다. 살모넬라의 각 혈청형은 아종 1에서는 원칙으로 그 균이 최초에 발견된 지명을 붙이도록 되어 있다. 예를 들면 일본에서는 S. mikawasima이다. 기타의 아종에서는 항원식을 기재한다. Kauffmann-White의 항원구조표에는 현재까지 50종류 이상의 O군과 약 80종류의 H 항원의 짜 맞춤에 의하여 현재 2,500종 이상의 혈청형으로 분류되고 있다〈표 2-3〉.

〈표 2-3〉 국내에서 분리된 살모넬라의 혈청형 분포

살모넬라 혈청형	1994년			1995년			1996년			총계
	사람	식품	기타	사람	식품	기타	사람	식품	기타	
S. paratyphi A	1			2			3			6
S. agona	6			10			12			28
S. saintpaul				17			6			23
S. brandenberg	3			3			4			10
S. derby	2			25	1		12			40
S. heldelberg	2			4	1	1	2			10
S. paratyphi-B	1						3			4
S. stanley	4		1	3			4			12
S. typhimurium	112	4	10	347	14	4	213	13		717
S. makumira				1						1
S. neumuenster	1									1
S. colorado	1									1
S. infantis	9			17	1		6			33
S. schwarzengrund							6			6
S. montevideo	2			1			5			8
S. mbandaka				12			5			17
S. bareilly				3						3
S. braenderup				2						2
S. livingstone	1			2			1			4
S. tennessee				1						1
S. richmond							1			1
S. ohio				1			1			2
S. hadar	10		1	22			14	1		48
S. muenchen	4		3	5			6			18
S. newport	1			5			5			11

S. chailey							2			2
S. tshiongwe							2			2
S. emek	2						2			4
S. enteritidis	234	4	4	301	5		684	32		1,264
S. typhi	137		4	169			354		6	670
S. anatum	3			3			3			9
S. london	4			3			33			40
S. meleagridis				2						2
S. westhampton							3			3
S. give							1			1
S. senftenberg				5			3			8
S. havana				1						1
S. cerro				2			1			3
S. kedougou							2			2
총계	540	8	23	969	22	5	1,399	46	6	3,018

9. 살모넬라의 분리배양 및 생화학적 동정

살모넬라는 장내 세균과의 정의에 나타난 성상을 갖는 그람음성간균으로 주모성이며, 구연산(citric acid)을 탄소원으로 이용하고 포도당으로부터 가스를 생산하는 주된 생화학성을 나타낸다. 이 균은 여러 가지 성상에 따라 subgroup Ⅰ, Ⅱ, Ⅲ, Ⅳ로 크게 구별한다. 사람의 티푸스성 질환과 급성 위장염 환자에서 검출된 살모넬라균은 일부 예외적인 것이 있으나 전부 subgroup Ⅰ에 속한다. subgroup Ⅲ는 종래 *Arizona*속으로 불렸던 것으로 현재에는 살모넬라속에 속한다. subgroup Ⅱ는 subgroup Ⅰ과 subgroup Ⅲ의 중간적인 성상을 나타내며 사람에 대한 병원성은 명확하지 않다. subgroup Ⅳ는 KCN 배지에서 자라는 매우 예외적인 살모넬라균으로 매우 드물게 분리되지만 병원성도 명확하지 않다. 생화학적 성상이 다른 subgroup의 분류는 병원성과 생태학적 분포가 잘 일치하여 실용적이다. 그러나 살모넬라균은 O 항원 및 H 항원의 조합에 의하여 혈청학적 분류가 잘 확립되어 있어 subgroup으로 분류하는 것보다 차라리 혈청학적 분류가 일반적으로 광범위하게 이용되고 있다.

9-1. 증균배양

1) 하루 전에 시료(생닭 등)를 미리 준비하여 balance에 whirl-pak을 놓고, 토막난 시료의 무게를 잰 후(약 25g), 여기에 미리 만들어 둔 배지인 BPW를 저울의 무게를 보고 넣는다(약 225g). 그리고 이것을 37℃에서 18~24시간 배양한다.

2) 배양 후 1)의 것을 취해서 10mL의 TT broth가 들어 있는 시험관에 1mL 분주하고 RV broth가 들어 있는 시험관에 0.1mL 분주한 후 37℃에서 20~24시간 배양한다.

9-2. 분리배양

TT broth, RV broth에 증균배양된 배양액을 XLD agar에 도말(streak)하고 37℃에서 20~24시간 배양한다. 배양 후 평판별로 의심되는 집락(XLD에서 colony가 생성되면 H_2S가 많아져 XLD에 있는 철(Fe)과 결합해 검은색이 된다)을 선택하여 집락 표면의 중심부로부터 3개 이상을 취해 특성 검사를 실시한다.

9-3. 확인 시험

검은색 집락이 형성되면 중심 부분을 백금선으로 취하여 TSI agar에 도말하여 37℃에서 20~24시간 배양한다.

Buffered Peptone Water(BPW-*Salmonella* 증균배지)	
Peptone	10g
Sodium chloride	5g
Disodium phosphate	3.5g
Monopotassium phosphate	1.5g

위의 성분을 증류수 1,000mL에 녹여 pH 7.2±0.2로 조정한 후 121℃에서 15분간 멸균한다.

Rappaport-Vassiliadis Broth(RV broth-*Salmonella* 증균배지)

Pancreatic digest of casein	4.54g
Sodium chloride	7.2g
Monopotassium phosphate	1.45g
Magnesium chloride(anhydrous)	13.4g
Malachite green oxalate	36g

위의 성분을 증류수 1,000mL에 녹여 121℃에서 15분간 멸균한다.

Tetrathionate Broth(TT broth-*Salmonella* 증균배지)

Yeast extract	2g
Tryptose	18g
Dextrose	0.5g
D-Mannitol	2.5g
Sodium deoxycholate	0.5g
Sodium thiosulfate	38g
Calcium carbonate	25g
Brilliant green	0.01g
Acriflavin HCl	0.012g

위의 성분을 증류수 1,000mL에 녹여 끓을 때까지 가열하고(고압멸균 절대 불가) 50℃ 이하로 식힌 후 40mL iodine solution(5g iodine crystal & 8g potassium iodide/40mL DW)을 첨가한다.

Xylose Lysine Desoxycholate Agar(XLD agar-*Salmonella*/*Shigella* 선택배지)

Xylose	3.5g
L-Lysine	5g
Lactose	7.5g
Sucrose	7.5g
Sodium chloride	5g
Yeast extract	3g
Phenol red	0.08g
Sodium desoxycholate	2.5g
Sodium thiosulfate	6.8g

Ferric ammonium citrate	0.8g
Agar	13.5g

위의 성분을 증류수 1,000mL에 녹여 배지가 끓을 때까지 저으면서 열을 가한 후 식히고 곧바로 부어서 굳힌 다음에 사용한다(고압멸균 절대 불가).

Triple Sugar Iron Agar(TSI agar-그람 음성 장내간균 확인용 배지)

Pancreatic digest of casein	10g
Peptic digest of animal tissue	10g
Dextrose	1g
Lactose	10g
Sucrose	10g
Ferrous ammonium sulfate	0.2g
Sodium chloride	5g
Sodium thiosulfate	0.2g
Agar	13g
Phenol red	0.025g

위의 성분을 증류수 1,000mL에 녹여 배지가 끓을 때까지 저으면서 열을 가한 후 각 유리관에 부어서 121℃에서 15분간 멸균한다.

KCN 배지 [KCN broth(100mL) 만드는 법]

Proteose peptone	0.3g
Disodium phosphate	0.564g
Monopotassium phosphate	0.023g
Sodium chloride	0.5g
Distilled water	100mL

KCN broth의 pH는 7.6으로 맞추고 15분간 고압멸균 하고 식힌 후 0.5% KCN solution 1.5mL을 무균적으로 첨가한다. KCN의 강한 독성 때문에 다룰 때 주의를 요한다.

이 배지는 매우 선택적으로 대부분의 병원성 세균인 살모넬라, 대장균, 시겔라 등은 자라지 않는 반면 *Proteus*, *Citrobactor*, *Klebsiella*, *Enterobactor*, *Hafnia* 등은 자란다.

〈표 2-4〉 살모넬라속의 생화학적 시험 특성 및 기타 진단 반응

시험 조건	반응성
H_2S(TSI)	+
Urease	-
Voges-Proskauer	-
Indole	-
운동성	+
포도당에서 기체 생성	+
β-Galactosidase	+/-
KCN	-
Citrate	+/-
Mucate 이용	+/-
Phenylmethyl red	+
Tartrate 이용	+/-
Alanine deaminase	-

10. 살모넬라 시험법

국내 살모넬라 검출 방법에 대한 식품공전 미생물 시험법, 축산물공전 미생물 시험법, 질병관리본부 병원체 실험실 진단법을 소개하고자 한다.

10-1. 식품공전 *Salmonella* 시험법

1) 증균배양

검체 25g 또는 25mL를 취하여 225mL의 펩톤(Peptone)수에 가한 후 35~37℃에서 24±2시간 증균배양 한다. 배양액 0.1mL를 취하여 10mL의 Rappaport-Vassiliadis 배지에 접종하여 42±1℃에서 24±2시간 배양한다.

2) 분리배양

증균배양액을 MacConkey 한천배지 또는 desoxycholate citrate 한천배지〈그림 2-1A〉 또는 XLD 한천배지〈그림 2-1B〉 또는 bismuth sulfite 한천배지에 접종하여 35~37℃에서 24±2시간 배양한 후 전형적인 집락은 확인 시험을 실시한다.

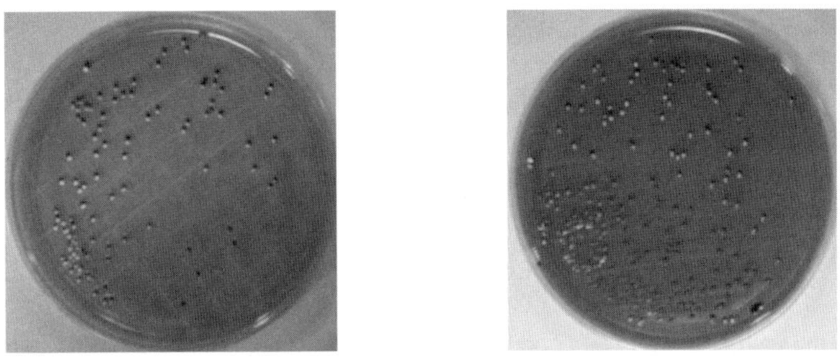

(A) Desoxycholate citrate agar (B) XLD agar

〈그림 2-1〉 *Salmonella enterica* subsp. *enterica* 배양사진

3) 확인 시험

(1) 생화학적 확인 시험

분리배양 된 평판(plate)배지 상의 집락을 보통한천배지에 옮겨 35~37℃에서 18~24시간 배양한 후, TSI 사면(slant)배지의 사면과 고층부에 접종하고 35~37℃에서 18~24시간 배양하여 생물학적 성상을 검사한다. 살모넬라는 유당(lactose) 및 서당 비분해(사면부 적색 sucrose), 가스 생성(균열 확인) 양성인 균에 대하여 그람 음성간균임을 확인하고 urease 음성, lysine decarboxylase 양성 등의 특성을 확인한다.

(2) 응집 시험

Spicer-Edwards 등과 같은 H 혼합혈청과 O 혼합혈청을 사용하여 응집 반응을 확인한다.

10-2. 축산물 공전 *Salmonella* 시험법

1) 증균배양

시료액 25mL(g)에 225mL의 BPW를 첨가하여 36±1℃에서 18~24시간 배양한 후 이 배양액을 2종류의 증균배지, 즉 10mL의 TT broth 또는 SC broth에 1mL를 첨가함과 동시에 10mL의 RV broth에 0.1mL를 첨가하여 각각 36±1℃ 및 42±0.5℃에서 20~24시간 동안 증균배양 한다.

2) 분리배양

각각의 증균배양액을 BS agar 및 XLD agar(또는 DCA, HE agar, BS agar) 배지에 도말한 후 36±1℃에서 20~24시간 배양한다. 평판별로 의심되는 집락[유당 비분해 (무색) 및 황화수소(H_2S) 생성으로 검은색]을 선택하여 집락 표면의 중심부로부터 3개 이상을 취하여 특성 검사를 실시한다.

3) 확인 시험

의심스러운 집락에 대해 TSI agar 또는 LIA 사면배지에 천자하여 37±1℃에서 20~24시간 배양한다. TSI 및 LIA 검사 결과 살모넬라균으로 추정되는 균에 대해서는 그람음성의 간균임을 확인하고, indol(−), MR(+), VP(−), citrate(+), urease(−), lysine(+), KCN(−), malonate(−) 시험 등의 생화학적 검사를 실시한다.

생화학적으로 확인된 살모넬라균은 혈청학적 검사(O 항원 및 H 항원 응집반응)를 실시한다. 살모넬라 진단용 항혈청을 사용한 응집 반응 결과에 따라 균종을 결정한다. 먼저 살모넬라 O 혼합혈청 시험으로서 다가(polyvalent) O 항혈청을 사용하여 슬라이드 응집 반응 검사를 실시한 후 살모넬라 O 인자 혈청 시험, 즉 A, B, C, D, E군 등의 인자 항혈청으로 슬라이드 응집 반응을 실시하여 O 혈청형을 결정한다. H 인자 혈청 시험은 편모(H) 항혈청 즉 a, b, c, d, e, h, g, k, l, r, y, 1.2, 1.3, 1.5, 1.6 등에 대해 시험관 응집 반응을 실시하여 결정한다.

10-3. 질병관리본부 감염병 실험실 진단 검사법(살모넬라)

1) 검체

세균학적 진단을 위하여 가장 중요한 것은 올바른 가검물의 채취와 취급이다. 살모넬라균에 의한 감염증에 있어서는 대변이 우선적인 검사 재료가 되나 감염 기전의 시기에 따라서 혈액이나 소변에서 원인 균을 찾아낼 수도 있고, 이외에 감염 조직, 오염수, 오염 가능 음료, 오염 식품, 오물, 인축(humans and animals) 배설물 등을 채취할 수 있다. 각 환자검체 채취 방법은 감염병 실험실 진단, 일반 시험법(검체 채취 및 보존)을 참조하기 바라며 본 장에서는 식품, 음료수, 하수 등 환경검체 채취 방법을 기술하도록 한다.

장티푸스, 파라티푸스와 기타 살모넬라의 감염에 의한 급성 환자에게서 채취된 대변, 혈액 또는 소변은 증균 과정을 생략하고 바로 분리배양을 위한 감별배지에 접종하여 배양균을 얻을 수 있다.

오염 식품으로 의심되는 검체는 멸균된 용구 및 용기를 사용하고 검체가 재오염되지 않도록 주의해야 한다. 적어도 100g 이상 채취하며 얼린 상태의 음식은 그 상태를 유지시키면서 운반한다. 식품에서 살모넬라균을 분리하기 위해서는 brilliant green (0.001%)이 포함된 tetrathionate에 증균시키는 것이 유리하고 음식물 검체의 양은 증균배지 양의 20~30%가 가장 적당하다. 물은 멸균된 용기에 채수해야 하며 많은 양의 물을 여과시킨 여과지를 직접 증균배지에 넣어 배양하는 것이 좋다. 하수 검체는 거즈 뭉치를 채취장에 넣어 두었다가 48시간 후에 꺼내어 선택성 증균배지(selenite broth, tetrathionote broth 등)에 넣는다. 많은 양의 하수를 막 여과지에 통과시키고 그 여과지를 증균배지에 넣는 경우도 있다.

(1) 증균배양

검체로부터 균을 증균시키기 위하여 selenite broth, tetrathionate broth, gram negative(GN) broth 등의 증균배지를 사용하며 살모넬라균만이 분리 목적인 경우는 tetrathionate broth를 사용하는 것도 좋다.

Tetrathionate broth에 brilliant green을 첨가하면(1:100,000) *S. typhi*를 제외한 다른 *Salmonella*균을 검출하는 데 유용하다. 증균배지의 양은 약 8~10mL 정도

가 적당하며 특히 selenite broth는 깊이가 적어도 6cm 이상 되도록 분주해야 한다. 분리배지를 위한 대변검체일 경우는 1g 정도를 잘 부유시키며 액체 가검물(specimens)일 경우에는 1mL 정도 접종한다. 직장채변일 경우는 면봉으로 직접 분리하고 평판배지에 접종한 후 증균배지에 손잡이 부분을 잘라 버리고 넣는다. 증균시간은 selenite broth의 경우 12~16시간이 가장 적당하고 tetrathionate broth는 18~24시간, 그리고 GN broth는 18시간이 적당하다. 배양시간이 연장되면 대장균 등 목적 이외의 균이 증식하는 경우가 많기 때문에 배양시간을 엄수하는 것이 중요하다. 배양온도는 36~37℃가 적당하다.

(2) 분리배양

분리배양을 위한 평판배지로는 발육의 억제 및 선택성의 정도에 따라 몇 가지로 구분할 수 있으며 이들 배지를 적당히 병용하면 효과적이다.

약간의 선택성이 있는 감별배지로는 MacConkey agar, EMB agar, desoxycolate agar 등이 있고, 중등도의 선택성이 있는 배지는 SS agar, desoxycholate citrate agar, Hektoen enteric agar, xylose lysine desoxycholate(XLD) agar 등이 있으며, 높은 선택성이 있는 배지는 bismuth sulfite agar, brilliant green agar 등이 있다. 일부 살모넬라균속은 Brilliant green agar에서 자라지 않는 경우가 있으므로 가능하면 억제성이 적은 배지를 함께 병행해서 사용하는 것이 좋다.

Brilliant green agar는 *S. typhi*를 제외한 다른 살모넬라균만을 분리하기 위해서 많이 사용된다. bismuth sulfite agar는 *S. typhi*를 분리하는 데 많이 사용되며 억제성이 높으므로 48시간 배양하는 것이 좋다. 배지는 가능한 한 신선한 것을 사용하고 bismuth sulfite agar는 24~36시간 경과된 것은 사용하지 않는 것이 좋다. 녹색으로 변한 것은 더욱 억제성이 강하므로 좋은 결과를 얻기 어렵다.

(3) 분리동정

① 예비동정 시험

배양된 평판배지로부터 의심되는 무색 집락을 2개 이상 골라 백금선을 사용하여 배지에 닿지 않도록 집락의 중앙 부분을 찍어 KIA(TSI)의 고층부에 접종하고 사면에 바른다. 가능하면 LIA(lysine Iron agar)와 urea 배지, 운동성배지(semisolid agar)

에도 같은 집락을 따서 접종하고 검체 번호 및 집락 번호를 시험관에 기재하여 보관한다.

KIA(또는 TSI)에서 18~24시간 배양된 것의 반응을 관찰하고 urea 배지 및 운동성 시험 배지 등의 반응을 보아 살모넬라 균속에 속하는가를 추정할 수 있다. KIA (또는 TSI) 배지에서 고층과 사면이 모두 노랗게 되면 젖당을 분해한 것이고 고층만 노랗고 사면은 적색이면 포도당만을 분해한 것이다. 가스를 생성하면 배지가 갈라지거나 기포가 생기게 된다.

TSI agar에서는 유당을 분해하지 않더라도 서당을 분해하면 유당을 분해하는 경우와 똑같은 반응을 보인다. KIA(또는 TSI)에서의 이와 같은 반응들은 ① 이 장내 세균이 당을 분해할 경우 혐기적으로 이용하고 ② 배지에 함유된 포도당, 유당, 또는 서당의 양이 다르기 때문에 발생된 산의 양이 차이가 있고 ③ 배지 성분 중에는 균이 발육함에 따라 알칼리성으로 변화되는 성분이 있는 등 여러 가지 복합된 요인에 의해 균이 감별되어 살모넬라균속을 추정할 수가 있다.

KIA, urea, 반고체 한천 LIA 등에서의 반응을 종합하면 살모넬라균속에 속하는지 추정할 수 있으며 다음 동정 시험으로 IMViC 반응 시험과 혈청학적 시험을 실시한다. 살모넬라 균속을 검출함에 있어 KIA의 특성과 배지 반응을 보아 ① urea 양성(+)인 것은 버리고, ② KIA에서 K/NC도 버린다. ③ KIA에서 K/A, H_2S 양성이고 urease 음성인 살모넬라균은 확인동정을 위한 생화학적 시험과 혈청학적인 실험을 수정하여 확인동정 한다. ④ KIA K/A, H_2S 음성이고 urease 음성인 살모넬라를 위한 생화학적 시험 및 혈청학적 응집 시험을 실시한다.

② 혈청학적 시험

i) 균체 O 항원 분석

생화학 성상에서 살모넬라균속으로 의심되는 균들은 각 O 항혈청에 응집 반응을 실시한다. 살모넬라균은 67여 군(67 O 혈청군과 114 H 혈청군)에 약 2,500여 혈청형이 알려졌으며 A, B, C, D, E군에 속하는 것이 전체의 약 96%이고 A~E군 항혈청만으로도 자연계에서 분리되는 균을 대부분 찾아낼 수 있다.

살모넬라균속 중 Vi 항원을 가지고 있는 균은 *Salmonella typhi*와 *S. paratyphi* C뿐이며 분리 과정이나 계대 중에 Vi 항원이 손실되는 V-W 변이를 일으킬 수 있다. 살모넬라 다가 항혈청에 응집이 일어날 경우 군 결정을 위해 A, B, C, D, E군 항혈청으로 응집 반응을 수행하여 혈청군을 결정하고, Vi 항혈청에만 응집이 있는 경우는 KIA 성상을 참작하여 *Salmonella typhi*를 의심[K/A H_2S(+W)], 균부유액을 100℃에서 1시간 정도 끓여 Vi 항원을 파괴하고 O 항혈청에 응집 반응을 보아 혈청군을 결정한다. *Salmonella* typhi인 경우 O 항혈청 D군에 응집이 된다.

대조 생리식염수에도 응집 반응을 확인하여 자가 응집 여부를 본다. 살모넬라의 각 혈청군이 결정되면 해당하는 O 단일 요소 항혈청으로 응집 반응을 확인한 후 H 항혈청으로 편모 항원(phase 1, phase 2) 확인 실험을 한다.

가) 슬라이드 응집 반응 시험은 슬라이드 위에 초자 연필로 줄을 그어 칸을 만들고 생리식염수를 떨어뜨리고 의심되는 균을 백금이로 따서 부유시키고, 진단용 항혈청을 떨어뜨려 혼합하고 응집 여부를 관찰한다. 이때 형광등을 이용하면 더욱 효과적이다. 응집 반응에서 살아 있는 균을 사용하는 것보다 에탄올(96% 또는 무수알코올)에 부유시켜 60℃ 항온 수조에 1시간 반응시킨 후 원심분리 하여 상층액을 버리고 소량의 0.6% 포르말린 생리식염수로 재부유시켜 약 30분간 방치한 후 항원으로 사용하는 것이 안전하며, 약간 혼탁한 배양액으로 만든 다음 응집 실험을 하는 것이 좋다. 이 방법을 사용하면 여러 가지 혈청군 간의 교차 응집 반응도 감소되므로 권장된다.

나) 우선 살모넬라 O군 진단용 혈청으로 군을 먼저 구하고 난 후 각 군에 속하고 있는 단일 요소 항혈청으로 시험한다. 예를 들면 배양균이 먼저 A군에 단일 요소가 1, 2, 12 혈청형으로 구성되어 있으므로 슬라이드에 구획을 만들어서 각 구획에(군 혈청 실험 때와 마찬가지로) 1, 2, 12 혈청을 떨어뜨려 응집 여부를 본다. *Salmonella paratyphi* A가 되려면 1, 2, 12에 모두 응집이 일어나야 하며, *Salmonella nitra*가 되려면 2, 12에서만 응집이 일어나야 된다. 각 군에 속한 구성 혈청 요소를 우선 정확하게 판정한 후 편모 항원 응집 실험을 실시하고 O 항원 결정 시험 방법은 감염병 실험실 진단 일반 시험법 중 응집 시험법을 참조한다.

ii) 편모 항원(Flagella Antigen) 분석

Salmonella H 항원 결정은 시험관 응집 반응법으로 수행한다.

가) *Salmonella* O의 각 O 항원 인자를 확인한 후 serovar를 결정하기 위해 *Salmonella*균의 H 항원 검출 시험을 실시한다. Edwards와 Bruner가 고안한 시험관법을 권장한다. *Salmonella*균의 운동성을 높이기 위해 motility GI medium 배지에 2~3회 계대배양 하여 운동성이 강한 균들을 모아 시험에 사용한다.

나) Motility medium에 마지막으로 옮긴 운동성 균을 veal infusion 액체배지에 접종하여 37℃에서 하룻밤 배양시킨다. 0.6% 포르말린 생리식염수를 하룻밤 배양시킨 균액과 동량이 되도록 첨가하여 비활성화시킨다.

다) *Salmonella* H 항혈청을 사용하는 데 필요한 희석은 사용하는 혈청에 따라서 다르다. 일반적으로 H 항혈청을 사용할 때 최종 혈청 희석배수는 1:1,000으로 한다. H 항혈청 x, z13, z15 그리고 z28을 1:500으로 희석하는 것을 권장한다. Poly a~z 항혈청은 1:100으로 희석하여 사용한다. 희석한 H 항혈청은 당일에 사용할 수 있는 양만 준비하고 쓰고 남은 희석 혈청은 버린다.

라) 시험관(4부 시험관)에 운동성을 강화시킨 배양액 0.5mL를 넣고 혈청 희석액 0.5mL을 넣어 1시간 동안 50℃ 항원 수조에서 반응시킨 후 응집 반응을 판독한다.

마) H 항원의 phase 2를 검출하기 위한 검사 방법은 다음과 같다. 먼저 phase 1을 흡수시킨 후 동일한 방법으로 phase 2를 결정한다. Motility GI medium을 중탕하여 완전히 녹이고 50℃로 식힌다. 그리고 phase 1에 해당하는 항혈청을 1:1,000으로 넣고 혼합한 후 굳힌다.

〈표 2-5〉 H 항원에 대한 Spicer-Edwards의 *Salmonella* H 항혈청의 반응 판독표

H 항원	Salmonella H 항혈청 Spicer-Edwards			
	1	2	3	4
a	+	+	+	-
b	+	+	-	+
c	+	+	-	-
d	+	-	+	+
e, h	+	-	+	-
G complex[1)]	+	-	-	+
i	+	-	-	-
k	-	+	+	+
r	-	+	-	+
y	-	+	-	-
z	-	-	+	+
Z_4 complex[2)]	-	-	+	-
Z_{10}	-	-	-	+
Z_{29}	-	+	+	-

* 『감염병 실험실 진단 질환별 시험법 Ⅰ』, 국립보건원 질병관리본부.

1) *Salmonella* H 항혈청 Spicer-Edwards 1과 4 구성의 G complex 구성은 I, f, g; f, g, s; g, m; g, m, q; g, m, s, t; g, m, t; g, p, s; g, p, u; g, q; g, s, t; m, p, t, u, m, t

2) Z_4 complex 구성: Z_4, Z_{23}; Z_4, Z_{24} 그리고 Z_4, Z_{32}

바) 배지가 굳은 후 GI medium에 천자하여 접종한다. 실험균을 접종 후 37℃에서 하룻밤 배양하고 시험관 맨 끝 바닥에서 성장한 균을 선택하여 veal infusion 액체배지에 접종하여 37℃에서 하룻밤 배양시킨다.

사) 0.6% 포르말린 생리식염수 동량을 배양시험관에 넣어 실험균를 비활성화시킨 다음 phase 1 항원 검출과 동일한 방법으로 phase 2를 판정하고 O 항원과 편모 항원 phase 1, 2의 결과를 종합하여 Salmonella serovar를 확정한다.

III

장염비브리오

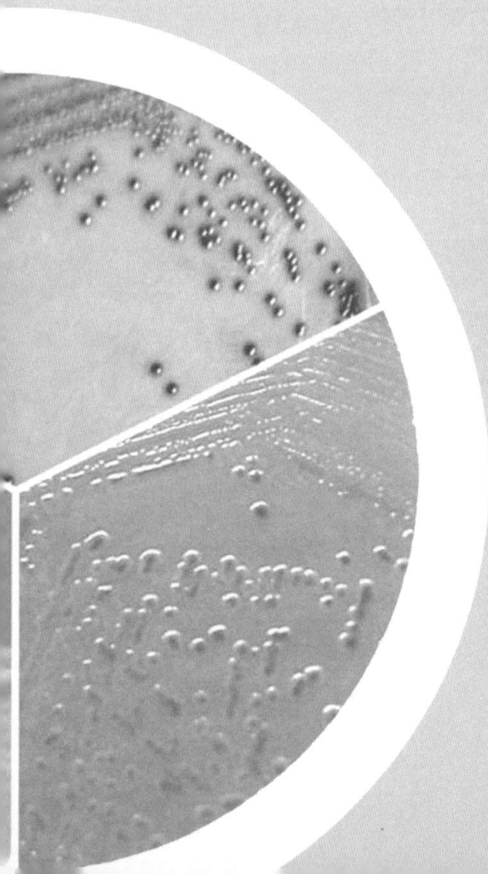

지구온난화로 인하여 예년에 비해 기온과 해수 온도가 상승될 것으로 예상됨에 따라 식품의약품안전청은 장염비브리오에 의한 식중독 예방 차원에서 어패류의 취급 관리에 더욱 더 주의를 당부하고 있다. 장염비브리오(*vibrio parahaemolyticus*)는 해수, 해산물 및 각종 해양생물에 부착하여 서식하는 호염성 미생물로 수산물 소비와 직접적인 관련이 있으며 사람에게 세균성 설사를 일으키고 발생 빈도가 높은 식중독 원인균이기도 하다. 장염비브리오를 포함하여 *V. cholerae*(콜레라균) *V. vulnificus*(패혈증균) 3종은 사람에게 병원성을 일으키는 대표적인 균종으로 잘 알려져 있으며 *V. alginolyticus*, *V. fluvialis*, *V. furnissii*, *V. metschnikovii*, *V. hollisae*는 기회감염성균이다. 미국 플로리다 주에서 조개로부터 *V. parahaemolyticus*, non-O1/O139 *V. cholerae*, *V. vulnificus*, *V. hollisae*, *V. fluvialis*, O1 *V. cholerae*가 검출되었다는 보고도 있다.

1. 분류학적 특징

장염비브리오의 분류학적 위치는 다음과 같다.

〈표 3-1〉 장염비브리오의 미생물 분류학적 위치

Kingdom	(영역)	Bacteria
Phylum	(문)	Proteobacteria
Class	(강)	γ-Proteobacteria
Order	(목)	Vibrionales
Family	(과)	Vibrionaceae
Genus	(속)	*Vibrio*
Species	(종)	*Vibrio parahaemolyticus*

비브리오는 Vibrionaceae과에 속하며 이 과에는 비브리오(*Vibrio*), 에어로모나스(*Aeromonas*), 플레시오모나스(*Plesiomonas*)속이 있다. 1950년대까지만 해도 *Vibrio* 속의 균종은 몇 종이 되지 않았지만 현재 40여 종이 알려져 있으며 사람에게 병원성이 있거나 사람의 임상검체에서 분리된 균은 *V. parahaemolyticus*, *V. vulnificus*, *V. cholerae*를 비롯하여 15여 종이 있다. 장염비브리오의 혈청형에는 O, K, E 3종의 항원이 있는데 K 혈청형은 64종, O 혈청형은 12종, E 항원은 모두 공동이다.

2. 형태학적 특성

장염비브리오는 직경이 0.5~0.8μm이며 길이가 1.4~2.6μm인 단간균이며 나선균과 같이 굽은 막대모양을 하고 있다. 또한 하나(단극모) 또는 여러 개의 편모를 가지고 있어 운동성이 있다.

3. 생리, 생화학적 특성

그람음성세균이며 옥시다아제(oxidase) 양성, 카탈라아제(catalase) 양성이다. 호기성 또는 통성혐기성균이고 호염성 세균이라 1% 이상의 NaCl이 첨가된 배지에서 자라며 보통 2~4%의 NaCl 농도에서 잘 자란다. 그러나 민물과 0.5% NaCl 농도 이하, 10% NaCl에서는 생육이 저해된다. 그래서 어류의 표면이나 아가미 등을 수돗물로 깨끗이 씻는 것만으로도 상당량의 균 수를 줄일 수 있다. 최적 발육 온도는 30~37℃이며 최대 42~44℃, 최저 3℃까지 생존 가능하다. 수온이 17℃ 이상 되면 검출되고 20℃가 넘으면 왕성히 증식하나 저온에서는 활동이 둔화되어 5℃ 이하에서는 거의 증식이 불가능하지만 사멸하지는 않으며, 열에 약하여 60℃에서 15분, 100℃에서 수분 내로 사멸된다. 최적 생장 pH는 7.5~8.6의 범위이며 4.8~11.0에서 생존 가능하고 4.0 이하에서는 급속하게 사멸한다. 최적 수분 활성은 식염이 있을 때 0.992, 최저 수분 활성은 0.948이다. 또한 발육 속도가 다른 미생물에 비해 매우 빨라서 10~12분에 한 번씩 분열하므로 식품에서 적당한 염분만 있으면 3~4시간 만에 약 10^6 정도까지 도달 가능하다. 포도당(glucose)과 과당(fructose)을 발효시키지만 가스는 생성하지 않으며 유당(lactose)을 발효시켜 산과 가스를 생성한다. 인돌(indole) 반응 양성이며 젤라틴(gelatin)을 액화시킨다. DNA의 G+C 함량은 38~51% 범위이며 혈액배지에서 용혈환을 가지는 가나가와 현상(Kanagawa phenomenon, KP) 양성이다.

〈표 3-2〉 해산물에서 분리된 비브리오과(Vibrionaceae) 미생물들의 생화학적 특징*

		Va	Vc	Vfl	Vfu	Vh	Vme	Vmi	Vp	Vv	Ahy**	Ps**
TSBC		Y	Y	Y	Y	NG	Y	G	G	G	Y	G
mCPC		NG	P	NG	NG	NG	NG	NG	NG	Y	NG	NG
CC agar		NG	P	NG	NG	NG	NG	NG	NG	Y	NG	NG
AGS		KA	Ka	KK	KK	Ka	KK	KA	KA	KA	KK	nd
Oxidase		+	+	+	+	+	−	+	+	+	+	+
Arginine dihydrolase		−	−	+	+	−	+	−	−	−	+	+
Ornithine decarboxylase		+	+	−	−	−	−	+	+	+	−	+
Lysine decarboxylase		+	+	−	−	−	+	+	+	+	V	+
Growth at 42℃		+	+	V	−	nd	V	+	+	+	V	+
Growth in (w/v)	0% NaCl	−	+	−	−	−	−	+	−	−	+	+
	3% NaCl	+	+	+	+	+	+	+	+	+	+	+
	6% NaCl	+	−	+	+	+	+	−	+	+	+	−
	8% NaCl	+	−	V	+	−	V	−	+	−	−	−
	10% NaCl	+	−	−	−	V	−	−	−	−	−	−
Acid from	Sucrose	+	+	+	+	−	+	−	−	−	−	−
	D-cellobiose	−	−	+	−	−	−	−	V	+	+	−
	Lactose	−	−	−	−	−	−	−	−	+	V	−
	Arabinose	−	−	+	+	+	−	−	+	−	V	−
	D-mannose	+	+	+	+	+	+	+	+	+	V	−
	D-mannitol	+	+	+	+	−	−	−	+	V	+	−
	ONPG	−	+	+	+	−	+	+	−	+	+	−
	Voges Proskauer	+	V	−	−	−	+	−	−	−	+	−
Sensitivity to	10 μg O/129	R	S	R	R	nd	S	S	R	S	R	S
	150 μg O/129	S	S	S	S	nd	S	S	S	S	R	S
	Gelatinase	+	+	+	+	−	+	+	+	+	+	−
	Urease	−	−	−	−	−	−	−	V	−	−	−

* 미국 FDA
http://www.fda.gov/Food/ScienceResearch/LaboratoryMethods/BacteriologicalAnalyticalManualBAM/UCM070830

** *Aeromonas hydrophila*, *Plesiomonas shigelloides*

Abbreviations: TCBS, thiosulfate-citrate-bile salts-sucrose; mCPC, modified cellobiose-polymyxin B-colistin; AGS, arginine-glucose slant; Va, *V. alginolyticus*; Vc, *V. cholerae*; Vfl, *V. fluvialis*; Vfu, *V. furnisii*; Vh, *V. hollisae*; Vme, *V. metschnikovii*; Vmi, *V. mimicus*; Vp, *V. parahaemolyticus*; Vv, *V. vulnificus*; Ahy, *Aeromonas hydrophila*; Ps, *Plesiomonas. shigelloides*

Y=yellow, NG=no or poor growth, S=susceptible, nd=not done, G=green, V=variable among strains, R=resistant, P=purple, V=variable, KK=Slant alkaline/Butt alkaline, KA=Slant alkaline/Butt acidic, Ka=Slant alkaline/Butt slightly acidic

4. 국내 장염비브리오 원인 식중독 발생 현황

장염비브리오는 해마다 꾸준히 발생하고 있으며, 건당 환자 수는 타 식중독균에 비해 많은 편은 아니지만 발생건수가 많기 때문에 환자 수도 상당한 편이다. 장염비브리오에 의한 식중독 발생 현황을 보면 2002년부터 현재까지 평균 5월에서 10월에 걸쳐서 발생하였으며 주로 여름철에 해수 온도가 높아지는 시기에 많이 발생하였다. 식약청이 집계한 2006년부터 최근 3년간 발생한 여름철 식중독 발생 현황에 따르면 장염비브리오균에 의한 식중독은 해안가의 어패류 판매 밀집지역이나 수도권의 횟집에서 집중 발생하였으며 적절히 취급되지 않은 어패류와 오염된 주방기구에 의해 발생한 것으로 추정하고 있다. 장염비브리오에 의한 발생률은 2002년부터 2009년까지 식중독 총 발생 건수의 약 9.4%를 차지하였다〈표 3-3, 3-4, 3-5〉.

〈표 3-3〉 장염비브리오에 의한 연도별 식중독 발생 현황

발생연도	발생 건수		환자 수	
	건	총 건수	명	총 환자 수
2002년	10	77	188	2,939
2003년	22	135	732	7,909
2004년	15	165	300	10,388
2005년	17	109	663	5,711
2006년	25	259	547	10,833
2007년	33	510	634	9,686
2008년	24	354	329	7,487
2009년	12	222	106	5,908
합계	158	1,684	3,499	60,861

* 식중독 통계 시스템(http://e-stat.kfda.go.kr/intro.jsp)

〈표 3-4〉 장염비브리오에 의한 월별 식중독 발생 현황

발생 연도	구분	1월	2월	3월	4월	5월	6월	7월	8월	9월	10월	11월	12월
2002년	건수								3	6	1		
	환자 수								28	143	17		
2003년	건수								10	11	1		
	환자 수								282	447	3		
2004년	건수				1	1	1	1	2	7	2		
	환자 수				59	37	9	24	17	125	29		
2005년	건수						1	3	5	7	1		
	환자 수						4	70	134	450	5		
2006년	건수						1	5	9	7	3		
	환자 수						157	34	120	178	58		
2007년	건수					1		1	22	6	2	1	
	환자 수					44		15	322	118	132	3	
2008년	건수					1	1	4	4	10	4		
	환자 수					9	70	32	42	129	47		
2009년	건수						1	3	3	3	1	1	
	환자 수						16	32	29	17	10	6	

* 식중독 통계 시스템(http://e-stat.kfda.go.kr/intro.jsp)

〈표 3-5〉 장염비브리오에 의한 원인시설별 식중독 발생 현황

발생 연도	구분	집단급식소			음식점	가정집	기타	불명
		학교(직영)	학교(위탁)	기업체				
2002년	건수			1	6	1	2	
	환자 수			54	76	28	30	
2003년	건수		1	1	12	4	4	
	환자 수		352	16	272	47	45	
2004년	건수			1	9		5	
	환자 수			13	131		156	
2005년	건수			1	11	1	3	1
	환자 수			40	298	4	255	66
2006년	건수	1			17	2	4	1
	환자 수	55			436	10	42	4
2007년	건수	1		1	21	1	8	
	환자 수	128		39	370	2	95	
2008년	건수			1	15	3	4	1
	환자 수			27	176	21	101	4
2009년	건수			1	8	3		
	환자 수			6	69	21		

* 식중독 통계 시스템(http://e-stat.kfda.go.kr/intro.jsp)

5. 국내 장염비브리오 원인 식중독 사고 사례

국내 질병관리본부의 역학조사 결과 대표적인 사례는 다음과 같다.

〈표 3-6〉 국내 장염비브리오 원인 식중독 주요 사고 사례

발생날짜	발생지역 및 장소	발생규모 및 발병률	감염원
2008년 10월 24일	부산광역시 사하구	27명/51명(52.94%)	파래무침
2004년 9월 29일	인천광역시 부평구 ○○호텔 중식당	22명/24명(91.7%)	관자 및 백합조개 요리
2008년 9월 19일	강원도 동해시 ○○횟집	24명/45명(53.3%)	홍합
2008년 9월 3일	대구광역시 달성군 ○○면 ○○마을회관	24명/30명(80%)	제사 음식
2008년 8월 14일	경기도 안성시 ○○푸드 급식제공 업체	20명/99명(20%)	양념게장
2008년 8월 9일	강원도 속초시 ○○○○콘도	26명/80명(32.5%)	모둠 회, 어패류
2008년 7월 16일	강원도 속초시 ○○횟집	27명/38명(71%)	대게찜, 오이냉채
2008년 6월 9일	울산시 남구 ○○회사 협력업체	70명/284명(24.6%)	파래무침
2007년 9월 4일	경기도 이천시 ○○도 관광	29명/72명(40.2%)	조갯살 무침

* 질병관리본부/ 정보알림터/ 역학조사/ 역학조사 결과 보고서

6. 장염비브리오 분포 및 오염 원인 식품

장염비브리오는 전 세계의 해안에 널리 분포하고 있으며 한국, 일본을 비롯하여 동남아시아 등지에서 높은 빈도로 분리되고 있다. 이 균은 연안의 해수에 존재하면서 해저펄이나 어패류, 플랑크톤 등에 널리 분포하며 육지로부터 오염되기 쉬운 해역에 많다. 근해산의 고등어, 문어, 오징어, 피조개 등의 표피, 내장, 아가미 등에 부착되어 여름철 수온이 17℃ 이상으로 상승하게 되면 고빈도로 검출되지만 겨울철 수온이 10℃ 이하인 해수에서도 드물게 검출된다.

장염비브리오에 의한 식중독 발생은 오염된 해역에서 채취된 어패류를 날것(생선회, 생선초밥, 굴, 조개 등)으로 먹은 경우, 오염된 바닷물로만 씻은 어패류를 날것으로 먹었을 경우, 오염된 어패류를 손질한 칼, 도마, 행주 및 종사자의 손 등을 통해 2차 오염되어 다른 음식물로 전파되는 경우이다. 원인 식품으로서는 굴, 조개, 새꼬막 등의 패류, 새우, 전갱이, 오징어, 낙지, 생선 등의 근해어, 생선회, 초밥, 도시락 등의 복합조리 식품, 어패류가공품, 오이절임, 야채샐러드, 겉절이 등이다. 다른 오염경로는 어시장의 시설과 용기, 해수욕 시 피부외상을 통한 감염 등을 들 수 있다.

7. 장염비브리오 독소 특성 및 식중독 증상

장염비브리오는 특정 조건에서 내열성 용혈독소(Thermostable direct hemolysin, TDH)를 생성하여 사람이나 토끼의 적혈구를 용혈시키는 성질이 있다. 이런 현상을 가나가와 현상(Kanagawa phenomenon, KP)이라고 하는데 현상에 따라 양성균과 음성균으로 구분된다. 식중독 환자의 분변에서 검출된 장염비브리오균의 95%가 가나가와 양성 반응을 나타내어 가나가와 현상이 장염비브리오의 병원성에 영향을 미치는 것을 알 수 있다. 내열성 용혈독(TDH)은 분자량이 42kDa, 등전점이 pH 4.2이며 pH 6.0에서 100℃로 15분 가열해도 불활성화되지 않는 성질을 가지고 있으며, 장관세포를 파괴하고 점혈변을 야기하며 독소가 혈류 또는 림프관을 통해 심근세포에 이르면 수용체(receptor)인 강글리오시드(ganglioside)와 결합하여 심근세포막의 전기저항을 낮추어 이온투과성을 높여 심장박동을 멈추게 한다. 또한 TDH는 세포외 효소이며 장염비브리오의 중요한 병원성 인자로 알려져 있다. TDH의 생성은 Wagatsuma agar 배지 상에서 β-용혈(β-hemolysis)을 일으키는 가나가와 현상과 관련이 있다. 임상가검물에서 분리된 장염비브리오로부터 TDH 생성능을 검출하면 가나가와 양성균주들뿐만 아니라 낮은 수준의 TDH를 생성하는 KP 음성균주도 검출된다. TDH의 생성은 *tdh*의 종류 및 발현조절유전자 *tox*R의 영향을 받는 것으로 알려져 있고 KP 음성균주 중에서 *tdh* 유전자는 갖고 있지 않으나 TDH와 유사한 내열성 용혈독 유사독소(TDH-related hemolysin, TRH)를 암호화하는 *trh* 유전자를 보유하는 균주의 출현이 자주 보고되고 있다. 장염비브리오는 해외여행자 설사증의 주요한 원인균으로, 이 균에 의한 식중독 발생을 위한 최소 균감염량은 g당 10^5~10^7으로 알려져 있다. 장염비브리오에 의해 발생되는 세균성 식중독은 해산 어패류를 여름철에 날것으로 먹으면 잠복기 10~24시간 안에 대부분 발생하며 짧으면 2~3시간 만에 나타난다. 증상은 다른 세균성 식중독과 마찬가지로 급성 위장염 증상을 나타내는데, 주요 증상으로는 격렬한 상복부 복통, 구토, 심한 수양성 설사와 혈변을 동반하기도 하며 수차례 계속될 수도 있다. 또, 콜레라와 같은 증상을 나타내어 심한 경우 사망에 이를 수도 있다. 발열은 보통 40℃ 이하(37.5~38.5℃)이며 증상에 따라 두통, 오한 등을 수반하기도 하고 마비, 경련 등의 신경증상은 없는데 현저히 혈압이 강하되는 경우도 있다. 통상 2~3일 경과하면 회복되나 정상적인 변으로 되기까지는 약 일주일 정도가 소요된다. 산발적으로 혹은 집단적으로 발병하며 사람에서 사람으로의 전파는 없다.

8. 국내 식품의 장염비브리오 규격

장염비브리오에 대한 식품기준은 식품공전, 식품일반에 대한 공통기준 및 규격, 식품일반의 기준 및 규격에서 식육(제조, 가공용원료는 제외한다), 살균 또는 멸균처리 하였거나 더 이상의 가공, 가열조리를 하지 않고 그대로 섭취하는 가공식품에서 장염비브리오균이 검출되어서는 아니 되며 식품접객업소(집단급식소 포함)의 조리식품 등에 대한 기준 및 규격에서 장염비브리오균은 검출되어서는 아니 된다고 명시하고 있다.

즉석섭취·편의식품류에서 장염비브리오균은 음성이어야 한다고 명시하고 있으며, 수산물에 대한 규격에서 더 이상의 가공, 가열조리를 하지 않고 그대로 섭취하는 수산물에서는 장염비브리오가 음성이어야 한다고 명시하고 있다.

9. 장염비브리오 시험법

국내 장염비브리오 검출 방법에 대한 식품공전 미생물 시험법, 축산물공전 미생물 시험법, 질병관리본부 병원체 실험실 진단법을 소개하고자 한다.

9-1. 식품공전 *V. parahaemolyticus* 시험법

1) 증균배양

검체 25g 또는 25mL를 취하여 225mL의 alkaline 펩톤수를 가한 후 35~37℃에서 18~24시간 증균배양 한다.

2) 분리배양

증균배양액을 TCBS 한천배지에 접종하여 35~37℃에서 18~24시간 배양한다. 배양결과 직경 2~4mm인 청록색의 서당(자당, sucrose) 비분해 집락에 대하여 확인시험을 실시한다.

3) 확인 시험

분리배양 된 평판배지 상의 집락을 TSI 사면배지, LIM 반유동배지, 보통한천배지에 각각 접종한 후 35~37℃에서 18~24시간 배양한다. 장염비브리오는 TSI 사면배지에서 사면부가 적색, 고층부는 황색, 가스가 생성되지 않으며 LIM 배지에서 lysine decarboxylase 양성, indole 생성, 운동성 양성, oxidase 시험 양성이다. 장염비브리오로 추정된 균은 0, 3, 8 및 10% NaCl을 가한 alkaline 펩톤수에 의한 내염성 시험, VP 시험, mannitol 이용성 시험(1% mannitol 첨가), arginine 및 ornithine 분해시험(1% arginine 또는 1% ornithine 첨가), ONPG 시험을 실시한다. 장염비브리오는 0% 및 10% NaCl을 가한 배지에서 발육 음성, 3% 및 8% NaCl을 가한 배지에서는 발육 양성, VP 음성, 만니톨에서 산 생성 양성, ornithine 분해 양성, arginine 분해음성, ONPG 시험 음성, 3% NaCl을 가한 nutrient broth, 42℃에서 발육 양성이다.

9-2. 축산물공전 *V. parahaemolyticus* 시험법

1) 증균배양

검체 25g 또는 25mL를 취하여 225mL의 펩톤수(Peptone 1%, NaCl 2%, pH 8.6)에 가한 후 35℃에서 18~24시간 증균배양 한다.

2) 분리배양

증균배양액을 TCBS 한천배지〈그림 3-1〉에 접종하여 35℃에서 18~24시간 배양한다. 배양 결과 직경 2~4mm인 청록색의 서당 비분해 집락에 대하여 확인 시험을 실시한다.

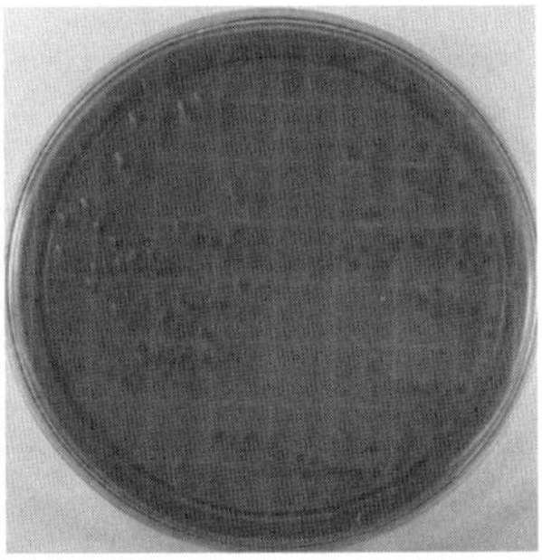

〈그림 3-1〉 TCBS agar에서 *V. parahaemolyticus* 배양사진

3) 확인 시험

분리배양 된 평판배지 상의 집락을 TSI 사면배지의 사면과 고층부의 사면과 고층부, LIM 배지, 보통한천배지에 각각 접종한 후 35℃에서 18~24시간 배양한다. 장염비브리오는 TSI 사면배지에서 사면부가 적색(유당, 서당 비분해), 고층부는 황색(포도당발효), 가스 비생성, 유당 및 서당 비분해(사면부가 적색), 황화수소 비생성(고층부가 흑색화되지 않음), LIM 배지에서 lysine decarboxylase 양성, indole 생성, 운동성 양성, oxidase 시험 양성이다. 위 시험에서 장염비브리오로 추정된 균은 0, 3, 8 및 10% NaCl을 가한 펩톤수에 의한 내염성 시험, VP 시험, mannitol 이용성 시험(purple broth base, 1% mannitol 첨가), arginine 및 ornithine 분해 시험

(moeller basal broth, 1% arginine 또는 1% ornithine 첨가), ONPG 시험을 실시한다. 장염비브리오는 0% 및 10% NaCl을 가한 펩톤수에서 발육 음성, 3% 및 8% NaCl을 가한 펩톤수에서 발육 양성, VP 음성, 만니톨에서 산 생성 양성, ornithine 분해 양성, arginine 분해 음성, ONPG 시험 음성, 3% NaCl을 가한 nutrient broth, 42℃에서 발육 양성이다.

9-3. 질병관리본부 감염병 실험실 진단 검사법 (비브리오 패혈증 및 기타 비브리오 감염증)

1) 검체

(1) 검체종류

환자의 검체는 혈액, 피부 병변 조직, 수포액, 대변 등이며, 환경가검물은 해수, 기수, 수족관수, 어패류, 개펄 등이다.

(2) 검체 채취 방법

환자검체는 항생제 사용 이전에 채취하며, 피부 병변이 있는 경우 혈액과 함께 반드시 수포액이나 병변 조직을 같이 채취, 배양하고, 증세에 따라 복막액, 뇌척수액 및 대변 등을 혈액과 함께 채취한다. 환경검체는 채취 시 검체명, 채취장소, 날짜, 수온, pH 등을 기록한다. 채취 후 4시간 이내에 실험해야 하나, 실험이 불가능할 땐 채취장소에서 접종 후 상온으로 이송한다. 해수는 온도가 18℃ 이상일 때 채취하며, 해수와 기수의 경우 표층수를 채취한다.

2) 검사 방법

(1) 증균배양 및 선택배양

증균배양은 alkaline peptone water(APW, pH 8.4±0.2, 1% NaCl) 또는 heart infusion broth(HIB, 2~2.5% NaCl)에 접종하여, 35~37℃에서 18~24시간 배양한다.

선택배양은 TCBS 배지 또는 폴리믹신 B와 콜리스틴(colistin)이 함유된 셀로바이오스 폴리믹신 콜리스틴(cellobiose-polymyxin B-colistin, CPC) 한천배지를 사용한다. 배양 조건은 TCBS 배지인 경우 37℃에서 24시간, CPC 배지인 경우 40℃에서 24시간 배양한다. 생성된 집락의 색은 TCBS 배지 상에서 녹색이고, CPC 배지에선 노란색을 나타낸다. 임상 증상이 뚜렷한 환자의 검체는 증균 과정 없이 바로 선택배지에 접종할 수 있다. TCBS 배지를 사용할 경우 약 15%의 균주가 sucrose를 분해하여 노란색 집락을 나타낼 수 있으므로 주의해야 한다.

패혈증균(*V. vulnificus*) 분리균주의 99% 이상이 셀로바이오스를 분해하므로 자연환경 검체로부터 균 분리 시 CPC 배지를 사용하는 것이 더 유리할 수 있다. 그러나 임상검체에서 균을 분리동정 할 때에는 TCBS에 접종하여 자라는 모든 집락은 색깔에 관계없이 일단 패혈증균을 의심할 필요가 있다.

(2) 분리배양

분리배양은 5% 혈액한천배지나 1% NaCl이 첨가된 TSA 배지에 접종하여 36~37℃에서 18~24시간 배양한다. 독립된 집락을 선택하여 순수분리 되었음을 확인한 후 생화학적 동정 키트를 이용하여 동정한다.

(3) 동정시험

비브리오 패혈증균의 동정은 일반적으로 그람염색성, 옥시다아제(oxidase) 검사 등으로 예비동정 하며, 그람음성알균으로 oxidase에 양성이다.

생화학적 특성에 의한 동정은 순수배양 된 집락을 선택하여 API 20E 키트를 사용한다.

① 그람염색

그람음성알균을 나타낸다.

② 개별적 생화학 시험(예비시험)

세균의 대사산물을 검출하고 발현형 동정법으로서 일반적인 동정 방법으로 사용되고 있다. 검사항목이 다양하고 각 실험의 시간이 많이 걸리며 환경 분리주의 생화학적 특성이 다양하여 특이성이 낮은 단점이 있다.

③ 생화학적 동정 키트를 이용한 시험

API 20E나 API NE 키트를 사용하며 시험이 간편하고 민감도와 특이도가 높다.

i) 원리

탈수된 기질을 함유한 시험관에 세균 부유액을 접종하여 배양시키면 배양시간 동안 생성된 반응 산물들에 의해 색이 변화되거나 보조시약의 첨가로 색이 변화되며 이를 통해 결과를 판단한다.

결과해석은 동정용 소프트웨어로 동정 결과를 판독한다.

ii) 준비물

API strips, 배양판, 부유배지(대부분의 *Vibrio* 균종은 호염성이므로 NaCl 0.85% 용액을 사용), 시약 키트, mineral oil

iii) 접종 재료 준비

멸균 백금이를 이용하여 집락 2~3개를 채취, 균 부양액을 만들어 탁도를 1로 맞춘다.

iv) strip에 접종

CIT, VP, GEL : 큐플까지 균액을 채움

나머지는 시험관까지만 채움

ADH, LES, ODC, H_2S, URS는 mineral oil로 혐기적 조건을 만든다.

v) 판독

- V. vulnificus는 oxidase 양성임
- TDA test: TEA시약(Ferric chloride)을 한 방울 떨구어 갈색으로 변하면 양성)
- IND test: JAMES 시약(Paradimethylaminobenzaldegyde + Hydrochloric acid + Isoamyl alcohol)을 한 방울 떨구어 분홍색으로 변하면 양성
- VP test: VP1(Potassium hydroxide)와 VP2(α-naphtol) 한 방울씩 떨어뜨려 분홍색이나 빨간색으로 변하면 양성

vi) 미생물 동정

Numeric profile로 코드화를 위해서 3개씩 묶어 1, 2, 4의 절대값으로 계산하여 7자리의 숫자코드로 만들고 API LAB Plus 프로그램에 입력하여 결과를 얻는다.

④ 중합효소연쇄반응법〈표 3-7〉

배양된 균은 짧은 시간 내에 동정할 수 있으며 균이 배양되지 않은 상태에서도 검체에 31ng의 DNA만 있으면 검출할 수 있다. 검출 부위는 hemolysin과 siderophore receptor의 생성에 관여하는 *vvh*A와 *viu*B 유전자 부위이다.

i) Multiplex PCR

멸균 백금이를 이용하여 집락 2~3개를 채취, 0.2mL의 증류수에 현탁하여 10분간 끓는 물에 중탕한 후 12,000rpm에서 1~2분간 원심분리하여 얻은 상층액을 PCR 주형으로 사용한다.

〈표 3-7〉 비브리오 패혈증 진단에 사용하는 primer

표적유전자	Primer	염기서열(5′→3′)	산물 크기(bp)
*vvh*A	vvhA F	TTC CAA CTT CAA ACC GAA CTA TGA C	205
	vvhA R	ATT CCA GTC GGA TGC GAA TAC GTT G	
*viu*B	viuB F	GGT TGG GCA CTA AAG GCA GAT ATA	505
	viuB R	CGG CAG TGG ACT AAT ACG CAG C	

PCR 반응 조건은 94℃에서 5분간 변성하고 94℃에서 1분, 58℃에서 1분, 72℃에서 1분간 30회 반복한 후 72℃에서 5분간 확장하여 40℃에 정치한 다음 전기영동으로 증폭 산물을 확인한다.

ii) Nested PCR

16S rRNA 유전자에 대한 *V. vulnificus* 특이 염기서열의 primer를 사용한 방법으로 신속하고 민감도가 높은 방법이다. *V. vulnificus* 패혈증 환자에서 최초로 PCR을 이용, 균을 검출하여 임상적으로 이용할 경우 신속하고 정확하게 진단할 수 있는 방법이다.

iii) DNA hybridization

많은 시간과 기술, 고가 장비 등이 소요되어 임상에서 사용하기에는 부적합하다.

iv) 혈청학적인 진단법

항-H coagglutination법, sandwich ELISA법, enzyme immunoassay법, rapid microimmuno diffusion법, alkaline phophatase-labeled oligonucleotide probe를 이용한 동정법, 간접면역 형광법 등이 있다.

3) 기타 비브리오 진단법(실험실 진단)

(1) 검체

환자의 분변검체, 병변 부위의 점막조직, 직장점액, 구토물 및 혈액이나 의심되는 원인 식품, 해수 및 어패류 등이다.

(2) 배양 및 분리

① 증균배양

기본적으로 콜레라에 준하여 배양한다. 장염비브리오의 경우 NaCl을 3~4% 함유한 APW(pH 8.4, 어패류 배양 시에는 pH 9.4)에 접종하여 37℃에서 18시간 정도 증균배양한다.

② 선택배양

콜레라에 준하여 배양한다. 증균된 배양액을 TCBS 한천배지에 접종하여 37℃에서 18~24시간 정도 배양한다.

③ 순수배양

TCBS 상에서 집락 및 염색소견을 관찰한 후 순수배양 할 때는 Nutrient 한천배지와 Heart infusion 한천배지에 접종함과 동시에 KIA 사면배지에 접종하여 성상을 관찰한다. KIA 배지에서 장염비브리오균은 K/A, H2S 음성 및 가스 음성 반응을 보인다.

(3) 동정 시험

① 생화학적 동정 시험

콜레라(*V. cholerae* O1 및 *V. cholerae* O139)균에 대한 시험법을 참조, 실험을 실시하여 성상을 판독한다. 중요 비브리오균의 생화학적 성상은 표와 같다. 생화학적 성상에 의한 세균의 동정은 임상소견 및 역학적 자료 등을 참조하는 것이 도움이 된다.

② 혈청학적 시험

병원체의 생화학적 성상을 확인하지 않고 혈청학적 시험 성적만으로 동정하는 경우, 이종 균의 공통항원에 의한 비특이적 반응 등이 일어날 수 있으므로 사용하는 진단혈청의 특이도 및 민감도 등을 고려해야 한다.

장염비브리오균의 K 항원에 대한 진단혈청도 상품화된 제품이 있다. 그러나 기타 비브리오균에 대한 진단혈청은 아직 상품화된 제품이 없는 실정이다. 장염비브리오균의 혈청학적 응집 반응에 이용되는 K 항혈청은 〈표 3-8〉과 같다.

〈표 3-8〉 장염비브리오의 K 항혈청 구성

K 다가 항혈청 (K pooled antiserum)	K 단일 항혈청 (K monovalent antiserum)
I	1, 2, 3, 4, 5, 6, 7, 8
II	9, 10, 11, 12, 13, 15, 17
III	18, 19, 20, 21, 22, 23, 24
IV	25, 26, 28, 29, 30, 31, 32
V	33, 34, 36, 37, 38, 39, 40
VI	41, 42, 43, 44, 45, 46, 47
VII	48, 49, 50, 51, 52, 53, 54
VIII	55, 56, 57, 58, 59, 60, 61
IX	63, 64, 65, 66, 67, 68, 69, 70, 71

③ 가나가와 현상(Kanagawa phenomenon)

장염비브리오균의 용혈소 생성 현상으로 균주에 따라서는 병원성과 관련이 있는 것으로 알려진 용혈소를 생성한다. 이 시험에 사용되는 기초배지는 와가쭈마 한천배지(Wagatsuma agar)이며 조제 시 최종 pH는 8.0으로 조정한다. 배지의 조제는 와가쭈마 한천배지의 성분들을 고압멸균을 하지 않고 약 30분간 끓인 후 식혀서 40~45℃ 정도가 됐을 때 생리식염수로 3회 세척한 사람의 적혈구를 배지량의 0.5% 정도 첨가, 평판배지를 만들어 사용한다. 평판배지는 가능한 한 오래 보관해 두지 말고 신선한 것을 사용하는 것이 좋다. 실험 방법은 시험하고자 하는 장염비브리오균을 3% NaCl이 첨가된 trypticase soy broth에 약 18시간 배양한 후 백금이로 평판배지에 접종, 도말하여 35℃에서 18시간 정도 배양한 다음 집락 주위에 투명한 용혈환이 생기면 양성으로 판독한다. 배양시간이 24시간 이상 경과된 집락 주위의 용혈환은 판독에 참고하지 않는다.

Ⅳ

황색포도상구균

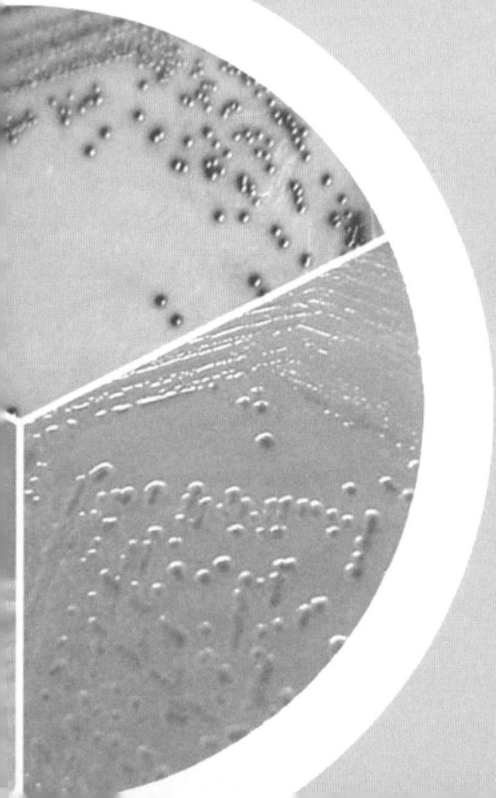

황색포도상구균(*Staphylococcus aureus*)은 즉석섭취식품인 김밥에서 주로 검출이 보고되고 있는 주요 식중독균 중 하나로 우리나라에서 병원성 대장균, 살모넬라균, 장염비브리오균 다음으로 식중독을 많이 일으키는 세균이다. 이 균은 식중독뿐만 아니라 사람 피부의 화농, 중이염, 방광염 등 화농성 질환을 일으키며 1878년 Robert koch에 의해 처음 발견되었다. 건강한 사람의 20~50%가 보균자로 알려져 있으며, 임상적으로는 주요 원내감염균인 메티실린 내성 황색포도상구균(MRSA, Methicillin resistant *S. aureus*) 또는 반코마이신 내성 황색포도상구균(VRSA, Vancomycin resistant *S. aureus*)으로 잘 알려져 있다. 신생아실, 중환자실, 수술실, 암 화학요법 치료실 등에서 문제가 되고 있고, 이들 원내감염균은 퇴원 환자에 의해 지역사회로 전파된다고 보고되고 있다.

1. 분류학적 특징

〈표 4-1〉 황색포도상구균의 미생물 분류학적 위치

Kingdom	(영역)	Bacteria
Phylum	(문)	Firmicutes
Class	(강)	Bacilli
Order	(목)	Bacillales
Family	(과)	Staphylococcaceae
Genus	(속)	*Staphylococcus*
Species	(종)	*Staphylococcus aureus*

호기적으로 배양될 수 있는 그람양성구균에는 마이크로코커스(Micrococcaceae)과와 연쇄상구균(Streptococcaceae)과가 있는데, 포도상구균(*Staphylococcus*)은 마이크로코커스과에 속하는 것으로 분류되었으나 현재는 Staphylococcaceae과에 속하는 것으로 분류되어 현재 35종과 17아종이 알려져 있다. Staphylococcaceae과는 coagulase 생성능, mannitol 분해성, 세포벽 구성 물질, novobiocin 감수성에 따라 황색포도상구균(*S. aureus*), 표피포도상구균(*S. epidermidis*), 부생성포도상구균(*S. saprophyticus*)의 3균종으로 분류되고 있다. 그리고 coagulase 시험에 따라 다음과 같이 분류된다〈표 4-1〉.

〈표 4-2〉 Coagulase 성상에 따른 포도상구균의 분류

Coagulase	Species
양성	S. aureus, S. intermedius, S. delphini
양성 또는 음성	S. hyicus
음성	S. chromogenes, S. epidermidis, S. saprophyticus, S. xylosus S. hominis, S. haemolyticus, S. simulans, S. capitis, S. warneri S. sacharolyticus, S. auricularis, S. carnosus, S. kloosii, S. cohnii S. caseolyticus, S. sciuri, S. lentus, S. gallinarum, S. caprae S. shleiferi, S. lugdunensis

* 최신병원미생물학(제4판), 김태운 외 8명 공저, KMS

2. 형태학적 특성

황색포도상구균은 현미경 상에서 세포가 한 개, 두 개, 세 개 이상 연결되어 있거나 포도송이 모양으로 불규칙하게 배열되어 관찰된다. 그리고 아포를 형성하지 않으며 크기는 0.5~1.5μm 정도이고, 편모가 존재하지 않아서 운동성이 없고 협막도 없다.

3. 생리, 생화학적 특성

황색포도상구균은 그람양성세균으로 통성혐기성이며 호기적 또는 혐기적으로 배양 가능하다. Catalase 양성이며 포도당, 만니톨, 유당 등과 같은 탄소원을 산화, 발효를 통해 분해하며 산을 생성하지만 가스는 발생하지 않는다. 이 균은 80℃에서 10분 가열로 죽지만 독소는 열, 건조, 산에 대한 저항력이 강하다. 생장 온도 범위는 6.7~48℃이며 최적 생장 온도는 35~40℃이나 10℃ 이하에서는 식품 중에서 거의 증식할 수 없다. pH 4~9.6의 범위에서 생장 가능하며 최적 pH는 6~7, 최저요구 수분 활성(Aw)은 0.83이며 최적 수분 활성도는 0.98이다. 보통한천배지, brain heart infusion broth, thioglycollate broth, tryptic soy broth, peptone broth 등에서 잘 배양되며 7.5%의 식염이 포함된 mannitol salt agar, egg yolk과 potassium tellurite가 포함된 Baird-Parker agar, staphylococcus medium #110에서 선택적

으로 배양된다. 혈액한천배지에서는 β-용혈성이 있거나 없고 deoxyribonucleic acid를 포함한 배지에서 DNase 생성능을 나타낸다. Lysostaphin에 대하여 감수성을 나타내며 lysozyme, novobiocin에 대해 내성을 나타낸다.

4. 국내 황색포도상구균 원인 식중독 발생 현황

황색포도상구균에 의한 식중독 사고는 전 세계적으로 매년 일어나고 있다. 우리나라의 경우 2002년에서 2009년 6월 사이 계절에 상관없이 일 년 내내 발생하였으며 총 발생건수는 141건(8.8%), 총 환자 수는 6,499명(11%)이었다. 주요 발생요인은 식품제조 및 취급에 있어서 개인 위생 불량에 따른 사람의 손이나 타액에 의한 것이 많았다〈표 4-3, 4-4, 4-5〉.

〈표 4-3〉 황색포도상구균에 의한 연도별 식중독 발생 현황

발생연도	발생 건수			환자 수		
	건	총 건수	발생률	명	총 환자 수	발생률
2002년	8	77	10.4	370	2,939	12.6
2003년	13	135	9.6	808	7,909	10.2
2004년	11	165	6.7	763	10,388	7.3
2005년	16	109	14.7	863	5,711	15.1
2006년	32	259	12.4	1,924	10,833	17.8
2007년	38	510	7.5	843	9,686	8.7
2008년	15	354	4.2	556	7,487	7.4
2009년	12	222	5.4	860	5,908	14.6
합계	145	1,684	8.6	6,987	60,861	11.5

* 식중독 통계 시스템(http://e-stat.kfda.go.kr/intro.jsp)

〈표 4-4〉 황색포도상구균에 의한 월별 식중독 발생 현황

발생연도	구분	1월	2월	3월	4월	5월	6월	7월	8월	9월	10월	11월	12월
2002년	건수	1			2		2	1	1		1		
	환자 수	194			28		27	58	27		36		
2003년	건수			2	2	4	2	2	1				
	환자 수			56	53	346	276	59	18				
2004년	건수				2	3	3	1		1		1	
	환자 수				205	98	382	13		13		52	
2005년	건수				4	1	4		1	3	1	1	1
	환자 수				178	158	161		7	145	11	15	188
2006년	건수		2			4	9	3	5	4	1	2	2
	환자 수		39			555	570	29	434	188	5	61	43
2007년	건수	3		3	2	6	3	8	5	2	2	4	
	환자 수	36		71	63	129	33	152	70	188	66	35	
2008년	건수	2	1		1	2	2	1	2	2	2		
	환자 수	42	4		54	56	150	3	29	209	9		
2009년	건수	1	3			3	1		1	2	1		
	환자 수	17	52			254	48		6	133	350		

* 식중독 통계 시스템(http://e-stat.kfda.go.kr/intro.jsp)

〈표 4-5〉 황색포도상구균에 의한 원인시설별 식중독 발생 현황

발생연도	구분	집단급식소			음식점	가정집	기타	불명
		학교(직영)	학교(위탁)	기업체				
2002년	건수		1	1	1		5	
	환자 수		36	194	6		134	
2003년	건수	3	4	1	3		2	
	환자 수	301	347	48	71		41	
2004년	건수	2	3	2	2		2	
	환자 수	239	377	60	56		31	
2005년	건수	2	2	2	7	1	2	
	환자 수	294	232	141	98	75	23	
2006년	건수	2	7	4	13	2	2	2
	환자 수	95	820	484	420	17	61	27
2007년	건수	5	3	6	19	1	4	
	환자 수	318	94	203	185	8	35	
2008년	건수	2		1	6	3	3	
	환자 수	187		3	82	30	254	
2009년	건수	1	1	1	7		1	1
	환자 수	160	92	118	92		350	48

* 식중독 통계 시스템(http://e-stat.kfda.go.kr/intro.jsp)

5. 국내 황색포도상구균 원인 식중독 사고 사례

국내 질병관리본부의 역학조사 결과 대표적인 사례는 다음과 같다.

〈표 4-6〉 국내 황색포도상구균 원인 식중독 주요 사고 사례

발생날짜	발생지역 및 장소	발생규모 및 발병률	감염원
2008년 10월 10일	제주시 ㅇㅇ읍 ㅇㅇ어린이집 ㅇㅇㅇㅇ어린이집	21명/168명(12%)	김밥
2008년 9월 1일	전남 신안군 ㅇㅇ 청소년수련관	43명/241명(17.8%)	오염된 물
2008년 6월 23일	서울시 강서구 ㅇㅇ음식점(일반)	26명/36명(72.2%)	김밥 등

6. 황색포도상구균의 분포 및 오염 원인 식품

황색포도상구균은 자연계에 널리 분포하고 있는 세균 중 하나로 사람이나 동물의 피부와 점막(인후, 비강), 구강, 하부결장, 회음부, 전비공, 장관, 손가락, 두발, 두피, 귓속 등 여러 곳에 상재하고 있기 때문에 식품 종사자를 통하여 직접적인 접촉에 의해 식품에 오염되기 쉽다. 특히 화농성 질환자가 식품을 취급하는 경우 오염의 위험이 매우 크다.

원인 식품은 다양하며 전분질을 많이 함유하는 식품에 많다는 것이 바실러스 세레우스와 유사하다. 김밥, 떡, 도시락, 빵 등의 곡류와 그 가공식품이 가장 많고 우유와 그 가공품인 버터, 치즈, 크림, 햄, 닭고기, 알제품 등 단백성 식품, 어패류와 그 가공품, 두부 등이 잘못 보관되거나 취급자의 손에 상재하고 있던 황색포도상구균에 의해 오염되는 경우가 많으며, 가열 후 손이 많이 가는 음식에 주의해야 한다. 그러나 식염내성을 가지는 황색포도상구균도 소금 농도가 높은 염장식품에서는 거의 증식하지 못한다.

7. 황색포도상구균의 독소 특성 및 식중독 증상

황색포도상구균에 의한 식중독은 장독소를 생성하는 균주가 생성한 독소를 함유한 음식물을 섭취함으로써 일어나는 독소형 식중독이다. 발병 독소량은 아직 명확하게 밝혀지진 않았지만 식품 중 균량이 10^5~10^6/g 이상으로 증식할 때 이 식품을 섭취한 사람에게 식중독을 일으킨다고 보고 있다.

식중독을 일으키는 독소는 enterotoxin으로 A형에서 I형까지 9종으로 분류되고 있는데 보통 A, B, C, E형이 많으며 이중 A형은 식중독 사례의 80% 이상을 차지한다. Enterotoxin의 분자량은 26,360~28,494Da이고 구조가 안정하여 120℃에서 20분간 가열해도 완전히 파괴되지 않는 내열성을 가지며, lard oil 등의 기름을 사용하여 218~248℃에서 30분간 작용시켜야 활성을 잃는다. 또한 trypsin, chymotrypsin, papain 등의 단백질 분해효소에 의해 불활성화되지 않고 pH 2.0의 조건에서도 거의 활성을 잃지 않는다. 그렇기 때문에 이 독소의 독성은 열이나 pH에 대하여 내성이 매우 강하고 수 ng/g ~ 수백 ng/g만 섭취하여도 식중독을 일으키게 된다.

황색포도상구균의 식중독 증상은 바실러스 세레우스의 구토형 식중독과 유사하다. 잠복기는 대체로 식품 1g당 10^5~10^6의 균이 증식하여 장독소를 산생한 식품을 섭취했을 때 1~6시간 정도(평균 3시간)이며 다른 식중독에 비해서 짧고, 균을 섭취했더라도 다른 균에 의한 식중독에 비해 발병률이 낮다. 주된 증상은 구역질, 구토, 복통 및 설사, 탈수이며 발열은 거의 없다. 증상은 몇 시간 정도 지속되지만 건강한 사람의 경우 1~2일 정도면 회복되므로 예후는 좋고 타인에게 전염을 일으키지는 않는다. 신생아, 수유를 하는 산모, 당뇨, 암, 폐질환, 혈관질환을 앓고 있는 만성질환자, 마약중독자, 고령자와 같이 면역체계가 약한 사람의 경우 감염 위험이 높고 심한 경우 구토로 인한 쇼크 증상으로 사망하는 사례도 보고되었다.

8. 국내 식품의 황색포도상구균 규격

황색포도상구균에 대한 식품기준은 식품공전, 식품일반에 대한 공통기준 및 규격, 식품일반의 기준 및 규격에서 식육(제조, 가공용원료는 제외한다), 살균 또는 멸균처리하였거나 더 이상의 가공, 가열조리를 하지 않고 그대로 섭취하는 가공식품에서 황색포도상구균이 검출되어서는 아니 되며, 빵 또는 떡류에서 황색포도상구균 음성이어야 한다(다만, 크림을 도포 또는 충전한 것에 한한다)고 명시되어 있다. 또한 건포류에서 황색포도상구균은 1g당 100 이하(다만, 조미건어포류에 한한다), 즉석섭취・편의식품류에서도 1g당 100 이하여야 하며, 수산물에 대한 규격에서도 더 이상의 가공, 가열조리를 하지 않고 그대로 섭취하는 수산물에서는 황색포도상구균이 음성이어야 한다고 명시하고 있다. 식품접객업소(집단급식소 포함)의 조리식품 등에 대한 기준 및 규격에서 식중독균 중 황색포도상구균은 검출되어서는 아니 되며 다만, 조리 과정 중 가열처리를 하지 않거나 가열 후 조리한 식품의 경우 황색포도상구균은 100/g 이하여야 한다고 명시하고 있다.

9. 황색포도상구균 시험법

국내 황색포도상구균 검출 방법에 대한 식품공전 미생물 시험법, 축산물공전 미생물 시험법, 질병관리본부 병원체 실험실 진단법을 소개하고자 한다.

9-1. 식품공전 *Staphylococcus aureus* 시험법

1) 정성 시험법

(1) 증균배양

검체 25g 또는 25mL를 취하여 225mL의 10% NaCl을 첨가한 TSB 배지에 가한 후 35~37℃에서 18~24시간 증균배양 한다.

(2) 분리배양

증균배양액을 난황첨가 만니톨 식염한천배지 또는 Baird-Parker 한천배지에 접종하여 35~37℃에서 18~24시간 배양한다. 배양 결과 난황첨가 만니톨 식염한천배지에서 황색 불투명 집락을 나타내고 주변에 혼탁한 백색환이 있는 집락 또는 Baird-Parker

한천배지에서 투명한 띠로 둘러싸인 광택이 있는 검정색 집락은 확인 시험을 실시한다.

(3) 확인 시험

분리배양 된 평판배지 상의 집락을 보통한천배지에 옮겨 35~37℃에서 18~24시간 배양한 후 그람염색을 실시하여 포도상의 배열을 갖는 그람양성구균을 확인한다. 포도상의 배열을 갖는 그람양성구균이 확인된 것은 coagulase 시험을 실시한다. 토끼혈장(신선혈장은 5%, 건조혈장의 용액은 10%)을 가한 생리식염수를 멸균한 시험관에 0.5~1mL씩 무균적으로 분주한다. 여기에 분리배지 상의 집락에서 직접 또는 보통한천배지에서 순수배양 시킨 균 1백금이를 접종하여 35~37℃에서 배양한다. 배양 후 3, 6, 24시간의 각 시간에 응고 유무를 판정하여 어느 시간 후에라도 응고 또는 섬유소(fibrin)가 석출된 것은 모두 coagulase 양성으로 하며 이상과 같이 확인된 것은 황색포도상구균 양성으로 판정한다. 시험에 있어서는 coagulase 양성균 및 균주 접종의 음성 대조군을 둔다.

2) 정량 시험법

(1) 균 수 측정

검체 25g 또는 25mL를 취한 후 225mL의 희석액을 가하여 2분간 고속으로 균질화하여 시험용액으로 하여 10배 단계 희석액을 만든 다음 각 단계별 희석액을 Baird-Parker 한천배지 3장에 0.3mL, 0.4mL, 0.3mL씩 총 접종액이 1mL이 되게 도말한다. 사용된 배지는 완전히 건조시켜 사용하고, 접종액이 배지에 완전히 흡수되도록 도말한 후 10분간 실내에서 방치시키고 35~37℃에서 48±3시간 배양한 다음 투명한 띠로 둘러싸인 광택의 검정색 집락을 계수한다.

(2) 확인 시험

계수한 평판에서 5개 이상의 전형적인 집락을 선별하여 보통한천배지에 접종하고 35~37℃에서 18~24시간 배양한 후 정성 시험법 중 확인 시험에 따라 시험을 실시한다.

(3) 균 수 계산

확인동정 된 균 수에 희석배수를 곱하여 계산한다.

9-2. 축산물공전 *Staphylococcus aureus* 시험법

1) 균 수 시험

황색포도상구균 수 시험은 일반세균 수 시험에 따르며, 배지는 Baird-Parker 배지를 사용하고, 35~37℃에서 48시간 배양한 다음 직경 1.0~1.5mm 크기의 black, shiny, convex한 집락 주위에 약 2~5mm의 혼탁환이 관찰되는 것을 계수한다. 집락 수는 평판당 20~200개가 적정하다. 의심되는 집락 5개 이상에 대해 그람양성 구균 및 catalase 양성임을 확인하고 coagulase 검사를 실시한다.

2) 균 분리 시험

(1) 증균배양

증균배양이 필요하다고 인정될 경우에는 시료 10mL를 10% NaCl을 첨가한 tryptic soy broth 90mL에 접종하여 35~37℃에서 18시간 증균배양 한다.

(2) 분리배양

시료를 직접 또는 증균배양액을 Baird-Parker 배지 또는 난황첨가 만니톨 식염한천배지에 도말하여 37℃에서 24시간 배양한다. Baird-Parker 배지에서 집락 형태는 직경 1.0~1.5mm, black, shiny, convex colony 주위에 약 2~5mm의 혼탁환이 관찰되는 것이 특징이다. 난황첨가 만니톨 식염한천배지에서는 황색 불투명 집락(만니톨 분해)을 나타내고 집락 주변에 혼탁한 백색환(난황반응 양성)이 있는 집락을 나타낸다.

(3) 확인 시험

분리배양 된 집락을 보통한천배지에 옮겨 37℃에서 18~24시간 배양한 후 그람염색을 실시하여 포도상의 배열을 갖는 그람양성구균을 확인하고, 혈액배지에서 용혈성을 검사한다. 포도상의 배열을 갖는 그람양성구균이 확인된 것은 coagulase test를 실시한다. 토끼혈청(신선혈청은 5%, 건조혈청의 용액은 10%)을 가한 멸균생리식염수를 멸균한 시험관에 0.5~1mL씩 무균적으로 분주한다. 여기에 분리배지 상의 집락에서 직접 또는 보통한천배지에서 순수배양 시킨 균 1백금이를 접종하여 37℃에서 배양한다. 배양 후 3, 6, 24시간의 각 시간에 응고의 유무를 판정하여 어느 시간 후에도 응고 또는 섬유소(fibrin)가 석출된 것은 모두 coagulase 양성으로 하며 이상과 같이 확인된 것은 황색포도상구균 양성으로 판정한다. 혈장은 멸균된 5% 구연산나트륨용액 1용량에 건강한 토끼에서 채혈한 혈액 4용량의 비율로 혼합하고, 즉시 1,500rpm에서 10분간 원심분리 하여 무균적으로 분리시킨 것 또는 시판 건조혈장을 이용한다. 또 토끼혈장을 이용하는 것이 좋지만 부득이한 경우는 사람의 혈장을 대용할 수도 있다. 이외의 생화학적 검사로 lysostaphin sensitivity 양성, thermostable nuclease production test 양성(coagulase에 대한 보조 시험) 등을 실시하며, 엔테로톡신 생성능은 microslide gel double diffusion 방법 또는 PCR 방법으로 검사할 수 있다.

9-3. 질병관리본부 감염병 실험실 진단 시험법(*Staphylococcus aureus*)

1) 검체 수집 수송, 보존

검체, 수송, 보존 방법은 일반적인 방법을 준수하면 된다. 이 균종은 대부분의 감염 부위의 임상검체에서 쉽게 얻을 수 있고 비교적 건조와 온도 변화에 대해 저항성이 있다.

2) 직접검경

뇌척수액(cerebrospinal fluid)와 관절흡인액 같은 무균검체는 직접검경법이 유용하고 일부 비무균검체도 직접검경이 유용하나 염증세포와 상피세포를 주의 깊게 관찰해야 한다. 비록 그람양성구균이 많이 있더라도 배양과 적절한 확인동정법으로 이를 확인해야 한다.

3) 가검물 및 처리

(1) 체액, 농, 종기, 분변, 구토물 등 검체는 일상적인 방법으로 채취한다. 검체는 멸균시험관에 넣어서 실험실로 운반하고 증균 과정과 (직접)분리 과정을 실시한다.

(2) 식품류

통상적인 식품에서 황색포도상구균의 유무를 검사할 경우 약 200g의 검체를 취하며 실험할 때까지 −20℃에서 보관하고 0~4℃에서 보관 시에는 36시간을 넘기지 않는다. 수분이 적은 식품, 통조림류는 실온에서 보관하고 냉동 보관한 검체를 녹여 실험할 경우 2~5℃에서 18시간 동안 천천히 해동시키거나 45℃ 이하에서 15분 정도에 해동시킨 후 실험에 사용한다. 검체 약 50g을 450mL의 멸균된 butterfield's phosphatebuffered dilution water에 넣은 후 2분간 마쇄하여 10배 계단 희석한다. Baird-Parker agar 3장에 0.1mL씩 넣고 삼각봉으로 배지에 골고루 펴서 35±2℃에서 이틀간 배양하여 집락 수를 세고 균동정을 시작한다.

4) 배양 및 분리

(1) 증균 과정

증균배지로는 thioglycollate broth, tryptic soy agar with 5% sheep blood, nutrient agar/broth), HI agar/broth 등이 사용된다. Thioglycollate broth에서 황색포도상구균을 배양하면 실과 같이 늘어지면서 자라는 특성이 있으며 배지 전체가 혼탁해지고 차츰 과립상의 침전물을 만들며 통성 혐기적 상태로 발육한다. 혈액배지에서는 베타-용혈(β-hemolysis)이 형성되며 보통한천배지(nutrient agar)에서는 1~2mm 정도 크기의 황색 집락이 형성된다.

(2) 분리 과정

오염된 검체는 mannitol salt agar, columbia colistin-nalidixic acid agar, lipase-salt-manitol agar, phenylethyl alcohol agar, Baird-Parker agar, staphylococcus mediun #110 등의 선택배지를 사용한다. 이들 배지에서 48~72시간 동안 배양하면 그람양성구균은 자라나 그람음성균의 성장은 억제된다. Mannitol salt agar에서는 배지 내 mannitol을 분해하여 산을 생성하므로 배지 집락 및 주위의 배지가 황색으로 변하고 Baird-Parker agar에서는 검은색의 집락을 형성한다.

(3) 집락 특성

혈액배지, nutrient agar, tryptic soy agar, brain heart infusion agar, P agar 등 비선택배지에서 대부분의 staphylococci 집락은 34~37℃에서 배양 24시간 내에는 균종에 따라 직경 1~3mm, 3일째에는 3~8mm 정도이다. 그러나 *S. aureus* subsp. *anaerobius*, *S. saccharolyticus*, *S. auricularis*, *S. equorum*, *S. vitulinus*, *S. lentus*는 다른 균종보다 성장이 다소 늦다.

황색포도상구균의 집락은 직경 6~8mm로 크고 smooth, entire, slight rised 반투명이다. P agar에서 배양 3~5일까지 거의 투명하고 대부분이 cream-yellow 내지는 orange 색소를 형성한다. Small colony variants(SCVs) *S. aureus*는 만성관절염과 cystic fibrosis 같은 만성질환자나 재발감염 환자에서 분리되고 있다. *S. epidermidis* 집락은 비교적 작고 균주에 따라 직경은 2.5~6mm이며 색소는 보통 검출되지 않는다.

*S. haemolyticus*는 보통 *S. epidermidis*와 *S. hominis*보다 크고 직경은 5~9mm이며 smooth, butyrous, 불투명(opaque)하고 색소를 형성하지 않거나 cream 내지는 yellow-orange 색깔을 나타낸다. *S. saprophyticus*는 직경이 5~8mm로 크고 매우 광택이 나면서 불투명하며 평활하고 볼록하다.

5) 예비진단 시험

분리 과정에서 특징적인 집락을 선택 후 비선택성 배지에서 순수분리 후 그람염색을 실시하여 그람양성구균이고 옥시다아제(oxidase) 음성, 카탈라아제(catalase) 양성, 혐기적 조건에서 성장, 포도당(glucose)에서 산을 생성하며 O/F 시험에서 포도당을 발효시키면 황색포도상구균으로 추정하고 확인동정 시험을 실시한다. 임상적으로 중요한 균종의 중요 특징은 〈표 4-7〉과 같다.

6) 확인동정 시험

(1) Coagulase 시험

황색포도상구균을 동정하는 데 이용되는 가장 중요한 시험의 하나로 coagulase를 생산하는 포도상구균은 oxalate나 citric acid가 첨가된 혈장과 균이 섞이면 응고가 일어나는 현상이 관찰된다. 포도상구균 중 coagulase 양성은 *S. aureus*, *S. intermedius*이다.

(2) Heat-stable nuclease

S. aurues, *S. schleiferi*, *S. intermedius* 또는 *S. hyicus* 등의 포도상구균은 DNA나 RNA를 자를 수 있는 heat-stable nuclease(thermonuclease[TNase])를 생산한다. DNase 생성 여부는 metachromatic-agar diffusion procedure와 DNase-toluidine blue agar를 이용하여 검출한다.

(3) Phosphatase 시험

인산분해효소(phosphatase) 활성은 alkaline phosphatase에 의해 ρ- nitrophenyl-phosphate가 Pi와 ρ-nitrophenol로 가수분해되는 것으로 *S. aureus*, *S. schleiferi*, *S. intermedius*, *S. hycus*와 대부분의 *S. epidermidis*는 alkaline phosphatase 양성이다.

(4) Novobiocin 감수성 시험

S. saprophyticus 균종은 novobiocin에 내성인 특징이 있어 *S. aureus*, *S. epidermidis* 그 밖에 coagulase 음성 *Staphylococcus*와 감별에 이용된다. 혈액배지에서 자란 균을 0.5 McFarland에 맞춘 균액을 면봉으로 P agar, MHA나 면양혈액이 첨가된 TSA에 면봉으로 골고루 접종하고, 5μg/novobiocin disk를 놓고 37℃에서 하루 배양한 후 억제대를 관찰하여 ≤16mm 이하이면 novobiocin 내성으로 판정한다.

(5) 기타 생화학적 시험

Urease 시험, acetoin 생성시험과 당 분해 시험, protease 시험, gelatin 액화 시험, pyrrolidonyl arylamidase 활성 시험, ornithine decarboxylase 활성 시험

등이 황색포도상구균 및 coagulase 음성 포도상구균 동정에 쓰이고 있다.

(6) 병원성 인자

포도상구균의 병원성과 관련된 인자는 hemolysin toxin, coagulase와 clumping factor, leukocidin, exfoliative toxin, enterotoxin, toxinshock syndrome toxin, protein A, hyaluronidase, staphylokinase 등이 있다.

(7) 장독소 검출 시험

독소 생성능 확인 시험에는 reverse phase latex agglutination 시험, microslide gel double diffusion 시험, chromatographic seperation method, visual ELISA 방법 등이 있다. 따라서 각 실험실의 여건에 맞는 방법을 택하여 시험을 실시하는 것이 바람직하다. 라텍스 응집 반응에 의한 독소 검출은 장독소 A-E, TSST-1이다. 최근 PCR 방법에 의해 enterotoxin A(SEA), SEB, SEC, SED, SEE, SEG SEH, SEI, SEJ 등의 다양한 독소 유전자 검출이 가능하다.

① Reversed passive latex agglutination kit를 이용한 장독소 검출

순수배양 된 균 집락을 brain heart infusion broth(BHI broth)에 접종하여 37℃ 항온수조기에서 24시간 배양한 후 원심분리 한 상등액을 검액으로 이용한다. 상등액을 1:10, 1:100, 1:1,000, 1:10,000으로 희석하여 96 웰 플레이트(V-form)에 각각 25 ㎕씩 넣은 후 reversed latex anti-enterotoxin A, B, C, D를 첨가해 플레이트를 10분 정도 교반하고 실온에서 18~20시간 정치배양 하여 응집 여부를 관찰한다.

〈표 4-7〉 임상적으로 중요한 포도상구균의 주요 균종에 대한 생화학적 특성

	Sa	Se	Sh	Shy	Si	Sl	Ssp	Ssc	Sw
Colony pigment	+	–	d	–	–	d	d	–	d
Staphylocoagulase	+	–	–	d	+	–	–	–	–
Clumping factor	+	–	–	–	d	(+)	–	+	–
Heatstable nucleas	+	–	–	+	+	–	–	+	–
Alkaline phosphatase	+	+	–	+	+	–	–	+	–
Pyrrolidonyl arylamidase	–	–	+	–	+	+	–	+	–
Ornithine decarboxylase	–	(d)	–	–	–	+	–	–	–
Urease	d	+	–	d	+	d	+	–	+
β-galactosidase	–	–	–	–	+	–	+	(+)	–
Acetoin production	+	+	+	–	–	+	+	+	+
Novobiocin resistance	–	–	–	–	–	–	+	–	–
Polymyxin B resistance	+	+	–	+	–	d	–	–	–
Acid from									
D-trehalose	+	–	+	+	+	+	+	d	+
D-Mannitol	+	–	d	–	(d)	–	d	–	d
D-Mannose	+	(+)	–	+	+	+	–	+	–
D-Turanose	+	(d)	(d)	–	d	(d)	+	–	(d)
D-Xylose	–	–	–	–	–	–	–	–	–
D-Cellobiose	–	–	–	–	–	–	–	–	–
Maltose	+	+	+	–	(±)	+	+	–	(+)
Sucrose	+	+	+	+	+	+	+	–	+

+, 90% or more strains positive; ±, 90% or more strains weekly positive; -, 90% or more strains negative; d, 11-89% of strains positive; ( ), indicates a delayed reaction

Sa, *S. aureus* subsp. *aureus*; Se, *S. epidermidis*; Sh, *S. haemolyticus*; Shy, *S. hyicus* (veterinary); Si, *S. intermedius* (veterinary); Sl, *S. lugdunensis*; Ssp, *S. saprophyicus* subsp. *saprophyticus*; Ssc, *S. schleiferi* subsp. *schleiferi*; Sw, *S. warneri*

② PCR 방법에 의한 독소유전자 검출

Multiplex PCR 방법에 의한 황색포도상구균의 장독소 유전자와 독소성 쇼크증후군 독소 유전자 및 exfoliative toxin 유전자 검출 시험은 다음과 같다. Multiplex PCR에 사용된 primer는 장독소 유전자 *sea*, *seb*, *sec*, *sed*, *see*와 *seg*, *seh*, *sei*, *sej*, 그리고 *tst*, *eta*, *etb*와 internal positive control로 사용한 16S rRNA에 대한 primer의 염기서열은 〈표 4-8〉과 같다. PCR 반응 조건은 95℃ 2분간 1회, 95℃ 1분, 53℃ 1분, 72℃ 2분간 28회, 72℃ 5분간 1회 수행하였다. 증폭된 DNA의 확인은 1.5% agarose로 100V, 25분간 전기영동 한 후 ethidium bromide 1μg/mL로 염색한 후 UV로 확인한다.

〈표 4-8〉 황색포도상구균의 독소 검출에 사용되는 primer

표적유전자*	염기서열(5′→3′)	산물 크기(bp)	위치
sea	CCT TTG GAA ACG GTT AAA ACG TCT GAA CCT TCC CAT CAA AAA C	127	487~507 592~613
seb	TCG CAT CAA ACT GAC AAA CG GCA GGT ACT CTA TAA GTG CCT GC	477	634~653 1088~1110
sec	CTC AAG AAC TAG ACA TAA AAG CTA GG TCA AAA TCG GAT TAA CAT TAT CC	271	665~690 913~935
sed	CTA GTT TGG TAA TAT CTC CTT TAA ACG TTA ATA CTA TAT CTT ATA GGG TAA ACA TC	319	354~380 644~672
see	CAG TAC CTA TAG ATA AAG TTA AAA CAA GC TAA CTT ACC GTG GAC CCT TC	178	482~510 640~659
seg	CGT CTC CAC CTG TTG AAG G CCA AGT GAT TGT CTA TTG TCG	327	317~335 644~624
seh	CAA CTG CTG ATT TAG CTC AG GTC GAA TGA GTA ATC TCT AGG	360	245~264 603~583
sei	CAA CTC GAA TTT TCA ACA GGT AC CAG GCA GTC CAT CTC CTG	465	325~347 790~773
sej	CAT CAG AAC TGT TGT TCC GCT AG CTG AAT TTT ACC ATC AAA GGT AC	142	471~493 612~590
tst	AAG CCC TTT GTT GCT TGC G ATC GAA CTT TGG CCC ATA CTT T	445	51~69 474~495
eta	CTA GTG CAT TTG TTA TTC AAG ACG TGC ATT GAC ACC ATA GTA CTT ATT C	119	374~397 468~492
etb	ACG GCT ATA TAC ATT CAA TTC AAT G AAA GTT ATT CAT TTA ATG CAC TGT CTC	262	51~75 286~312
16S rRNA	GTA GGT GGC AAG CGT TAT CC CGC ACA TCA GCG TCA G	228	545~564 773~758

* SEA-SEE, SEG-SEI, TSST-1, ETA 및 ETB를 암호화하는 유전자.

(8) Kit system을 이용한 생화학적 동정 시험

최근에는 *S. aureus*뿐 아니라 CNS에 의한 감염증도 증가하고 있어 분리균의 정확한 동정이 필수적이다. 생화학적 시험과 탄수화물 분해 시험 등으로 쉽고 신속하게 동정하기 위한 kit로는 API Staph kit system, ID test SP-18 kit system,

Staph-Trac kit system, ID32 Staph kit system(BioMerieux SA), Minitek Gram positive kit(BD Microbiology system), BBL Crystal positive kit(Becton Dickinson) 등이 있다. 반자동화 동정용 system은 ATB kit system(API kit 32 Staph), 자동화기기를 이용한 동정으로는 VITEK 자동화검사기(bioMerieux Co.)와 Microscan 자동화검사기(Dade Behring Co.), Crystal 자동화검사기(BBL Co.), Sceptor Gram-positive MIC/ID panel(BD Microbiology systems) 등이 있다. 이외에도 지방산 분석, multilocus enzyme, whole cell polypeptides나 chromosome restriction fragments, ribotyping 등과 같은 상체 분자형태에 의해서도 균 동정을 할 수 있다.

(9) 항균제 감수성 시험

임상에서 분리된 포도상구균은 원판확산법이나 미량액체배지희석법과 같은 감수성 시험법이 수행되어야 한다. 페니실린(penicillin) G에 대한 내성은 β-lactamase 생성 여부로 예측할 수 있다(약 90%의 황색포도상구균은 β-lactamase를 생성한다). 우리나라 종합전문요양기관에서 oxacillin(nafcillin과 methicillin을 포함)에 대한 내성은 황색포도상구균에서는 약 70%, *S. epidermidis*에서는 약 75%이다. Oxacillin에 대한 내성은 *mec*A 유전자와 관련이 있으며, 또한 oxacillin 내성 선별은 4%의 NaCl과 6μg/mL의 oxacillin을 포함한 Mueller-Hinton agar를 이용하여 확인할 수 있다. 1996년 이후 vancomycin에 감수성이 저하된 MIC≥8μg/mL의 균주가 일본에서 처음 보고된 이후 미국에서 다수 분리되었고 우리나라에서도 1999년 1건이 보고된 바 있다. 2002년에는 반코마이신에 내성인 VRSA가 2주, 2004년 1주가 보고되었다. MRSA와 VISA 및 VRSA의 확인진단은 다음과 같이 실시한다.

① **Methicillin resistant S. aureus(MRSA)**

MRSA의 일반적인 특성과 MRSA 선별 검사는 감염병 실험실 진단 일반 시험법(감염병 실험실 검사, http://pathogen.nih.go.kr 참조)과 CLSI/NCCLS 지침에 따라 시험한다.

i) Oxacillin/methicillin에 heteroresistant한 MRSA는 아집단(subpopulation)이 메티실린에 감수성과 내성이 혼재되어 있는 경우로 이는 세포 모두 내성유전정

보는 가지고 있지만 이중 일부만이 *In vitro*에서 내성을 발현하기 때문이다. 이들 heteroresistance는 oxacillin과 같은 penicillinase에 안정한 페니실린에 내성을 나타낸다. Heteroresistance한 균주에서 내성인 아집단은 감수성보다 성장이 느리기 때문에 CLSI/NCCLS에서는 oxacillin, methicillin, naficillin에 대해서는 33~35℃에서 24시간 배양하도록 권장하고 있다.

ii) 액체배지나 한천배지 희석법 모두 MRSA 확인이 가능하다. 일상적 검사로는 oxacillin 선별배지를 사용하는 것이 좋다. PCR 방법에 의해 penicillin binding protein(PBP2a)을 암호화한 mecA 유전자를 검출하여 oxacillin/methicillin 내성을 확인한다.

iii) Oxacillin 감수성 시험의 breakpoint: *S. aureus* NCCLS breakpoint는 oxacillin MIC 2μg/mL 이하는 감수성, 4μg/mL 이상은 내성이고 coagulase negative staphylococci(CoNS)는 0.25μg/mL 이하는 감수성, 0.5μg/mL 이상은 내성이다.

원판확산법은 억제환이 13mm 이상이면 감수성, 11~12이면 중간내성, 10mm 이하이면 내성으로 판정하고 CNS는 18mm 이상이면 감수성, 17mm 이하이면 내성으로 판정한다.

② 반코마이신내성황색포도상구균(VRSA)의 확인진단

VRSA 확인진단을 위한 항균제 감수성 시험은 CLSI/NCCLS 지침에 의한 액체배지 희석법에 의한 반코마이신의 MIC를 측정하는 것이 가장 정확하다. 통상적으로 사용하는 원판확산법 등은 VISA를 검출하지 못하기 때문에 사용되지 않는다.

i) 반코마이신 내성 선별검사: 6μg/mL의 반코마이신이 함유된 brain heart infusion agar(BHI)에 직접집락 현탁법에 의한 0.5 McFarland 희석액 1~10mL를 배지 표면에 접종(최종농도 10^5~10^6CFU/mL)하고 35℃에서 24시간 배양하여 집락을 형성하는 분리주에 대해 반코마이신 최소억제농도(MIC)를 조사한다. 감수성 표준균주는 *S. aureus* ATCC 25923, 내성 표준균주는 *Enterococcus faecalis* ATCC 51299를 사용한다. 배지당 6개 균주를 접종하고 표준균주는 매 시험 시마다 동시에

시행한다. 2개 이상의 집락이 나오면 양성으로 판단한다. 이 배지에서 자라는 순수 집락을 한천배지희석법, 액체배지희석법, E-test법을 이용하여 MIC를 결정하여 확인한다(감염병 실험실 검사, http://pathogen.nih.go.kr 참조).

ii) 기준 및 판정: CLSI/NCCLS 지침에서는 반코마이신의 MIC가 4μg/mL 이하이면 vancomycin susceptible *S. aureus*(VSSA), MIC 8~16μg/mL은 vancomycin intermediate *S. au reus*(VISA), MIC > 32μg/mL은 vancomycin resistant *S. aureus*(VRSA)로 정의한다. 한천 및 액체배지 희석법과 E-test에서 반코마이신의 MIC가 4μg/mL를 초과하면 반코마이신에 감수성이 저하된 균주로 판정한다. 시험 결과 VISA와 VRSA로 확인되면 감수성 시험을 반복하고 균은 재동정한 후 VISA와 VRSA 의심균주를 질병관리본부 국립보건연구원으로 송부하여 확인 시험을 의뢰한다.

iii) 자동화시스템에 의한 VISA와 VRSA 검출: 원판확산법으로는 VISA를 검출하지 못하고 있으며 또한 확진된 3개의 VRSA 중 2균주는 자동화시스템에서 검출되지 않았다. VISA와 VRSA는 vancomycin 선별배지(6μg/mL vancomycin이 포함된 BHIA)와 MIC 측정(broth microdilution, agar dilution, Etest /AB biodisk, piscatway, NJ)으로 검출할 수 있다. 가능하면 모든 황색포도상구균에 대한 반코마이신 내성 선별검사를 실시하거나 또는 지금까지 확인된 VISA와 VRSA는 1주를 제외하고는 MRSA였으므로 MRSA 분리주에 한해서 실시하는 것도 좋다.

V

바실러스 세레우스

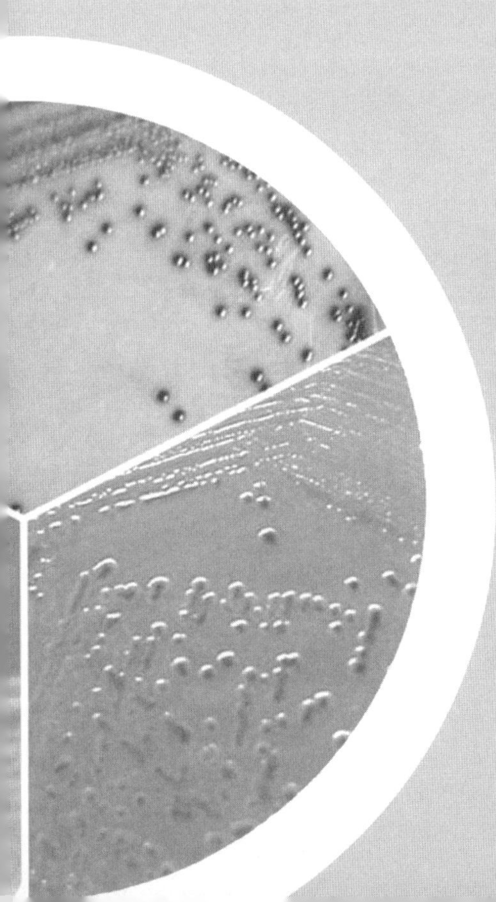

바실러스 세레우스(*Bacillus cereus*)는 자연계 어디에나 존재하는 토양상재균이다. 농산물 생산과 유통 시 토양으로부터 식품 원재료에 혼입될 가능성이 높고 토양 혐기성균인 클로스트리디움 퍼프린젠스(*Clostridium perfringens*)와 달리 음식물에서 쉽게 포자를 형성하며 가열공정에서 생존할 가능성이 높아 유통식품 중에서 검출될 확률이 높다. 따라서 식품 안전성 확보에 있어서 중요한 위치를 차지하는 미생물이라고 할 수 있다. 대부분 이 미생물은 자연계에서 포자 형태로 존재하며 식품에 전파되어 적절한 생장 온도가 형성되면 영양형 세포로 변형되어 잘못 가공되거나 조리된 식품을 섭취했을 때 장독소(enterotoxin)을 생성함으로써 구토와 설사를 유발하는 대표적인 식중독 원인균이다.

1. 분류학적 특징

바실러스 세레우스의 분류학적 위치는 다음과 같다.

〈표 5-1〉 바실러스 세레우스의 미생물 분류학적 위치

Kingdom	(영역)	Bacteria
Phylum	(문)	Firmicutes
Class	(강)	Bacilli
Order	(목)	Bacillales
Family	(과)	Bacillaceae
Genus	(속)	Bacillus
Species group	(종 그룹)	*Bacillus cereus group*
Species	(종)	*Bacillus cereus*

바실러스(*Bacillus*)속은 34개의 type species로 분류되며 포자의 형태, 포자낭의 팽창 유무에 따라 3개의 그룹으로 나뉘는데 *Bacillus spp.* 중 식중독을 유발하는 종은 바실러스 세레우스 그룹(*Bacillus cereus* group)에 속한다. 바실러스 세레우스 그룹에 속하는 미생물들은 토양에 존재하면서 사물기생 미생물인 바실러스 세레우스(*B. cereus*), 사람에게 산발적으로 병원성을 일으키는 탄저병(anthrax) 생성균인 바실러스 안스라시스(*B. anthracis*), 가근 모양의 콜로니를 형성하는 비병원성인 바실러스

마이코이데스(*B. mycoides*), 바실러스 슈도마이코이데스(*B. pseudomycoides*), parasporal crystal protein을 생성하여 곤충이나 무척추 동물에 병원성을 일으키는 바실러스 서린지엔시스(BT 균: *B. thuringiensis*), 내냉성균인 바실러스 웨이헨스테파넨시스(*B. weihenstephanensis*)의 6종 그람양성포자형성균을 포함한다. 이 그룹은 다양한 연구보고서에서 정확히 분류되지는 않았지만 균주들 사이에 16S rDNA 염기서열 유사도가 매우 높고 표현형이나 DNA 혼성화 등의 유사성 또한 높기 때문에 하나의 종으로 묶어야 한다는 의견도 제기되고 있다. 그러나 *B. anthracis*의 병원성과 생물 방제 응용에 이용되는 *B. thuringiensis*의 순수한 기능들 때문에 분류학적으로 종(species)이 분리되어 유지되고 있다. Enterotoxin crystal의 유무에 따라 *B. thuringiensis*와 구별이 되며 운동성 및 rhizoid growth에 따라 *B. mycoides*와 구별이 된다고 보고되어 있으며 분자역학적 분류 실험 방법 중 하나인 PFGE(Pulsed Field Gel Electrophoresis)를 수행하여 바실러스 세레우스와 *B. anthracis*를 구별할 수 있다는 보고도 있다.

2. 형태학적 특성

바실러스 세레우스는 현미경 관찰 결과 크고 긴 막대기 모양의 세포들이 사슬형태로 배열된 연쇄상을 이루고 있는, 길이가 약 3.5μm 정도의 대형 간균이다. 주모성 편모가 있어 운동성을 가지며 135℃에서 4시간의 가열에도 견디는 내열성 아포를 형성하는 포자 형성균으로서, 포자낭이 팽윤되어 있지 않고 포자는 타원형이거나 원통형으로 세포의 중앙 또는 말단에 형성하여 위치하고 있다.

3. 생리, 생화학적 특성

바실러스 세레우스의 생화학적 특성은 같은 바실러스 세레우스 그룹 내에서 서로 유사하며 구분하기가 힘들다[참조: 표 5-2. FDA-BAM(bacteriological analytical mannual)의 *B. cereus* group의 생화학적 특성]. 바실러스 세레우스는 그람염색(gram stain)에 의해 푸른색을 띠는 그람양성세균(gram positive bacteria)으로 카탈라아제(catalase) 양성이며 산소가 있거나 제한된 산소 조건에서도 생존 가능한 호기성(aerobic) 및 통성혐기성(facultative anaerobic) 세균이다. 바실러스 세레우스의 생장 특성은 매우 다양하다. 증식 가능한 생장 온도는 5~50℃의 범위이며 저온성 바실러스 세레우스의 경우 4~5℃에서만 성장한다. 중온성 바실러스 세레우스는 15~55℃에서 성장하고 최적 조건은 30~37℃이다. 포자는 10~49℃에서 발아할 수 있으며 균체는 63℃에서 30분간 가열하고 100℃에서 1분 이상 가열 시 사멸된다. pH 조건은 4.9~9.3 범위에서 생장하고 최적 pH는 6~7이다. 바실러스 세레우스가 생장하는 데 있어서 수분 활성도(Aw, water activity)는 0.94 이상이며 최적 수분 활성도는 Aw 0.98, 생존과 생장을 위한 최소한의 수분 활성도 범위는 0.93~0.95, 하지만 Aw 0.91에서는 증식이 저지된다. 식염에 대한 내성에서는 7% NaCl 조건까지 견딜 수 있지만 발효 간장 식품의 식염 농도인 18%까지 존재할 수 있다. 바실러스 세레우스는 MYP(mannitol egg yolk polymyxin) 배지와 PEMB(poymyxin pyruvate egg yolk mannitol bromothymol blue) 배지에서 난황(egg yolk)을 이용하여 레시티나아제(lecithinase)를 생성하며 폴리믹신(polymyxin), 암피실린(ampicillin), 페니실린(penicillin)과 같은 베타락탐(β-lactam) 계열의 항생제에 대한 내성을 나타낸다. 혈액배지에서는 베타용혈성(β-hemolysis)을 나타내며 보통한천배지(nutrient agar), tryptic soy agar 등의 영양배지에서 잘 발육한다. 당 이용성은 리보스(ribose), 포도당(glucose), 엔아세틸글루코사민(N-acetylglucosamine), 알부틴(arbutin), 에스큘린(esculine), 맥아당(maltose), 자당(saccharose, sucrose), 트리할로스(trehalose), 녹말(starch), 당원(glycogen) 등에 양성 또는 음성을 나타내며 arginine dihydrolase(기질: L-arginine), citrate utilization(기질: trisodium citrate), voges proskauer(기질: sodium pyruvate), gelatinase(기질: gelatin) 양성을 나타낸다.

〈표 5-2〉 Group I *Bacillus* 종들의 생리, 생화학적 특징

	B. cereus	*B. thuringiensis*	*B. mycoides*	*B. anthracis*	*B. megaterium*
Gram reaction	+(a)	+	+	+	+
Catalase	+	+	+	+	+
Motility	+/−(b)	+/−	−(c)	−	+/−
Reduction of nitrate	+	+/−	+	+	−(d)
Tyrosine decomposed	+	+	+/−	−(d)	+/−
Lysozyme-resistant	+	+	+	+	−
Egg yolk reaction	+	+	+	+	−
Anaerobic utilization of glucose	+	+	+	+	−
VP reaction	+	+	+	+	−
Acid produced from mannitol	−	−	−	−	+
Hemolysis (Sheep RBC)	+	+	+	−(d)	−
Known pathogenicity /characteristic	produces enterotoxins	endotoxin crystals pathogenic to insects	rhizoidal growth	pathogenic to animals and humans	

a +, 90-100% of strains are positive.

b +/-, 50-50% of strains are positive.

c -, 90-100% of strains are negative.

d -, Most strains are negative.

* 미국 FDA-BAM, Bacillus cereus
http://www.fda.gov/Food/ScienceResearch/LaboratoryMethods/BacteriologicalAnalyticalManualBAM/UCM070830

4. 국내 바실러스 세레우스 원인 식중독 발생 현황

바실러스 세레우스는 다른 식중독 원인균들에 비해 적은 발생률을 보이나 열악한 환경 조건에서 포자를 형성하는 특성 때문에 집단 식중독으로 이어질 가능성이 높아 그 중요성이 부각되고 있다. 우리나라의 경우 2004, 2006년에 1만 명이 넘는 환자가 발생했으며 8월을 제외한 1월부터 12월까지 1년 내내 이 미생물에 의해 식중독 사고가 일어남을 알 수 있다. 이는 식중독 사고가 여름철만이 아닌 사계절 모두 발

생할 수 있다는 것을 보여주며 대부분 가정보다는 학교나 기업체의 집단급식소, 일반음식점 등에서 많은 환자가 발생했다. 우리나라에서 바실러스 세레우스에 의한 식중독 발생 통계는 다음과 같다〈표 5-3, 5-4, 5-5〉.

〈표 5-3〉 바실러스 세레우스에 의한 연도별 식중독 발생 현황

연도	2003년	2004년	2005년	2006년	2007년	2008년	합계	발생률(%)
발생 건수(건)	3	2	1	5	1	14	26	1.70
총 발생 건수(건)	135	165	109	259	510	354	1,532	
환자 수(명)	198	84	24	59	50	376	791	1.52
총 환자 수(명)	7,909	10,388	5,711	10,833	9,686	7,487	52,014	

* 식중독 통계 시스템(http://e-stat.kfda.go.kr/intro.jsp)

〈표 5-4〉 바실러스 세레우스에 의한 월별 식중독 발생 현황

	구분	1월	2월	3월	4월	5월	6월	7월	8월	9월	10월	11월	12월
2003년	발생 건수				1	1	1						
	환자 수				3	164	31						
2004년	발생 건수							1				1	
	환자 수							11				73	
2005년	발생 건수										1		
	환자 수										24		
2006년	발생 건수	1		1				1		1	1		
	환자 수	8		21				6		17	7		
2007년	발생 건수												1
	환자 수												50
2008년	발생 건수		1	2	3	4	2			1		1	
	환자 수		3	19	32	285	22			3		12	

* 식중독 통계 시스템(http://e-stat.kfda.go.kr/intro.jsp)

〈표 5-5〉 바실러스 세레우스에 의한 원인시설별 식중독 발생 현황

구분		집단급식소			음식점	가정집	기타	합계
		학교(직영)	학교(위탁)	기업체				
2003년	발생 건수		1	1	1			3
	환자 수		164	31	3			198
2004년	발생 건수	1					1	2
	환자 수	73					11	84
2005년	발생 건수				1			1
	환자 수				24			24
2006년	발생 건수			1	1	1	2	5
	환자 수			21	8	7	23	59
2007년	발생 건수	1						1
	환자 수	50						50
2008년	발생 건수	4			7	1	2	14
	환자 수	288			53	5	30	376

* 식중독 통계 시스템(http://e-stat.kfda.go.kr/intro.jsp)

5. 국내 바실러스 세레우스 원인 식중독 사고 사례

우리나라에서 바실러스 세레우스에 의한 식중독 발생 중 대표적인 사례는 2008년 5월 19일에서 26일까지 경북 상주시 S고 144명의 학생들에게 일어난 집단 설사 유행이었다. 질병관리본부 역학조사 결과 가지고추찜과 열무무침에서 바실러스 세레우스가 검출되었으며, 원재료를 삶은 후 이동식 에어컨 바람을 약 20여 분간 쏘여 열기를 식히고 양념을 버무려 무치는 과정에서 오염된 것으로 보고되었다. 인체 검사 결과 학생들의 대변 및 직장 도말검체 283건 중 3건에서 바실러스 세레우스가 검출되었으며, 가지고추찜과 열무무침에서 enterotoxin 양성 2건, enterotoxin 음성 3건이 각각 검출되었다. 그리고 이동식 에어컨을 사용했던 공통점이 있어 이동식 에어컨의 배기구 2건과 토출구 3건을 검사한 결과 바실러스 세레우스가 배기구 1건, 토출구 1건에서 검출, 동정되었다. 감염 경로는 바실러스 세레우스가 학교 급식 식당의 이동식 에어컨 내에서 아포를 형성하고 있다가 음식을 식히는 과정 중 에어컨에서 직접적으로 포자가 음식으로 전파되어 이를 섭취한 학생들에게 설사형 식중독을 발생시킨 것으로 추정된다고 보고되었다.

6. 바실러스 세레우스 분포 및 오염 원인 식품

바실러스 세레우스는 토양, 쓰레기, 하천수, 공기(먼지), 식물 표면이나 곡류 등 자연계에서 아포 형태로 널리 분포하고 있다. 주로 토양 상재균이면서 전체 토양 미생물 집단 중 최대 10% 정도까지 차지한다고 하는 연구보고가 있었다. 이는 거의 모든 식품의 주요 원재료로 사용되는 농산물의 재배와 생산에 직접적으로 영향을 미칠 가능성이 가장 큰 미생물이라고도 할 수 있다. 그래서 매우 다양한 식품들에 존재하는 것으로 알려져 있고 특히, 채소류와 곡류 및 그 가공품 같은 전분성 식품에서 바실러스 세레우스가 많이 검출될 가능성이 크다. 이 미생물에 의해 오염될 수 있는 주요 식품들은 주로 도시락, 김밥, 쌀밥, 죽, 볶음밥, 덮밥 등의 밥 종류와 스파게티, 파스타 등의 면류 같은 전분 함유 식품이 그 대상이 될 수 있고, 그 외 식육, 어패류가공품, 수프류, 우유나 치즈와 같은 낙농제품, 바닐라 소스, 소시지, 푸딩, 향신료 등 기타 여러 식품들이 바실러스 세레우스가 포자 발아로 인해 증식할 수 있는 조건이 충분한 오염원인 식품이 될 수 있다. 다른 균주의 포자에 비해 어느 표면이든 잘 들러붙어 세척과 소독이 어렵기 때문에 식품 원재료, 조리시설이나 작업자 개인 위생 등의 철저한 위생 관리가 필요하다.

바실러스 세레우스는 자연계 환경에서 포자 형태로 존재하고 있다가 영양분이 있는 상태가 되면 발아를 시작해서 영양형 세포로 변형, 증식하기 때문에 바실러스 세레우스 포자가 오염된 상태의 음식이 조리되거나 조리 후 냉각과정 동안 수 시간 상온에 방치될 경우 음식에서 이들 균의 생육 조건이 맞게 되면 10^6CFU/g 이상까지 증식하여 사람에게 식중독을 일으킬 수 있는 기회성 식중독균이다. 하지만 식품 중 10~1,000CFU/g 이하 가량 존재하게 되면 질병을 일으키지는 않는다.

7. 바실러스 세레우스 독소 특성 및 식중독 증상

바실러스 세레우스에 의한 식중독은 구토형과 설사형으로 구분되며 다른 식중독에 비해 증세가 약하지만 종종 심한 경우 심내막염, 패혈증, 화농성 질환 등을 야기할 수도 있기 때문에 매우 치명적일 수 있다. 식중독을 일으킬 수 있는 균의 양은 식품 1g당 10^6CFU(colony forming unit, 집락 형성 수) 이상으로 보고되고 있으며 오염원에 따라서 10^2~10^4CFU/g에서도 질병을 일으킬 수 있다.

구토형 식중독은 식품 중에 전분 분해능 음성인 바실러스 세레우스가 오염되어 이 미생물이 생장하면서 생성되는 세레우라이드(cereulide) 독소가 식품을 섭취한 사람에게 구토를 일으키게 된다. 구토형 독소(emetic toxin)인 cereulide는 열과 산에 안정한 1.2kDa 크기의 저분자이며 포자가 형성되기 전 정지기에 도달하자마자 생성된다고 보고 있다. 독소는 4개의 아미노산 서열(D-o-Leu, D-Ala, L-o-Val, L-Val)이 연속적으로 3회 반복되어 12개의 아미노산이 입체 중심(stereogenic center) 구조를 가지는 락톤고리형 펩타이드(lactonic cyclic dodecadepsipeptide)이고 이는 *ces* 유전자에 의해 암호화된 비리보좀 펩타이드 합성효소(non ribosomal peptide synthetase)라는 효소에 의해 합성된다. 이 독소는 친지질성(lipophilic)이고 pH 2.0에서 안정하며 121℃, 60분 동안 가열해도 그 활성을 유지하기 때문에 가열로 미생물을 사멸시켜도 독소는 그대로 존재할 수 있다. 식중독 증상은 30분에서 6시간 정도의 잠복기 후 메스꺼움과 구토를 주로 일으키며 24시간 이내에 심한 복통과 설사를 동반하게 되는 경우도 있으나 발열은 없다. 증상은 황색포도상구균(*Staphylococcus aureus*)과 비슷하며 6~24시간 동안 지속된다. 구토형 식중독의 주요 원인 식품은 쌀 가공식품이 주를 이루고 감자, 사프타, 치즈 같은 전분 함유 식품과 소스, 푸딩, 수프, 샐러드 등의 복합식품 등이 있다.

설사형 식중독은 실온에 오래 방치되어 있는 식품 중에 오염되어 있는 전분 분해능 양성인 바실러스 세레우스 균주 또는 이 미생물의 포자를 섭취한 후 체내 소장에서 균의 이상증식으로 발생된 이열성 독소가 adenylate cyclase-cAMP system을 자극하여 혈관의 수분 투과율을 상승시킴으로써 설사를 일으킨다. 설사형 독소(enterotoxin, diarrheal toxin)는 대수증식기 후반에 생성되며 저온에서는 생성되지 않고 최적 생성 온도는 30℃라고 보고되고 있다. Enterotoxin은 55~60kDa의 고분자 단백질로 되어 있으며 hemolysin BL(Hbl), non-hemolysin enterocotoxin(Nhe), cytotoxin K(CytK), BceT enterotoxin(BceT), enterotoxin FM(EntFM)이 있는 것으로 알려져 있으며 BceT와 EntFM의 기능은 아직 확인된 바 없다. Hbl은 바실러스 세레우스 모든 균주들에서 발견되며 binding protein B와 함께 lytic protein L2와 L1으로 구성되어 있고 *hbl*C, *hbl*D, *hbl*A의 3개 유전자에 의해 각각 암호화된다. Non-hemolytic enterotoxin은 NheA, NheB, NheC 단백질들로 구성되어 있고 *nhe*A, *nhe*B, *nhe*C 유전자들에 의해 암호화된다. 식중독 증상은 6~16시간의 잠복기를 거쳐 수인성 설사,

어지러움, 복통이 24시간 정도 지속적으로 일어나며 메스꺼움이 동반되기도 하지만 구토는 거의 없다. 보통 12~24시간 정도 되면 회복 가능하고 *Clostridium perfringens*의 β-toxin에 의한 식중독 증상과 비슷하다. 주로 고기를 기본으로 하는 식사를 포함하여 식육, 우유, 채소류, 수산물을 포함한 다양한 식품이 설사형 식중독의 원인이 될 수 있다. 유럽과 미국에서 많이 유행되었으며 사망한 예는 거의 없다.

8. 국내 식품의 바실러스 세레우스 규격

식품공전, 식품별 기준 및 규격에서 식중독균에 대한 규격이 정해진 식품에는 해당 식품의 규격을 적용하며, 그 외의 가공식품 중 바실러스 세레우스는 다음과 같이 적용한다.

8-1. 장류(메주 제외) 및 소스류, 복합조미식품, 절임식품, 조림식품: g당 10,000 이하(단, 멸균제품은 음성이어야 한다)

8-2. 위 8-1 이외의 식품 및 개별규격이 정해지지 아니한 식품 중 더 이상의 가공, 가열조리를 하지 않고 그대로 섭취하는 가공식품: g당 1,000 이하(단, 멸균제품은 음성이어야 한다)

8-3. 즉석섭취·편의식품류: g당 1,000 이하(즉석섭취식품, 신선편의식품에 한한다)

8-4. 영아용 조제식: g당 100 이하(다만, 액상제품은 제외한다)

8-5. 성장기용 조제식: g당 100 이하(다만, 액상제품은 제외한다)

8-6. 영·유아용 곡류조제식: g당 100 이하

8-7. 기타 영·유아식: g당 100 이하

8-8. 특수의료용도 식품(환자용 균형영양식, 당뇨환자용 식품, 신장질환자용 식품, 장질환자용 가수분해식품, 열량 및 영양공급용 의료용도식품, 선천성대사질환자용 식품, 영·유아용 특수조제식품, 연하곤란환자용 점도증진식품): g당 100 이하

8-9. 체중조절용 조제식품: g당 100 이하

8-10. 생식류: g당 1,000 이하

8-11. 식품접객업소(집단급식소 포함)에서 조리된 식품: g당 10,000 이하

9. 바실러스 세레우스 시험법

국내 바실러스 세레우스 검출 방법에 대한 식품공전 미생물 시험법, 축산물공전 미생물 시험법, 질병관리본부 병원체 실험실 진단법을 소개하고자 한다.

9-1. 식품공전 및 축산물공전 *Bacillus cereus* 시험법

1) 정성 시험법

(1) 분리배양

검체 25g 또는 25mL를 취하여 225mL의 멸균인산완충희석액에 가하여 균질화한 검액을 MYP agar〈그림 5-1〉에 접종하여 30℃에서 24시간 배양한다. 배양 후 혼탁한 환을 갖는 분홍색 집락을 선별한다. 이때 명확하지 않을 경우 24시간 더 배양하여 관찰한다.

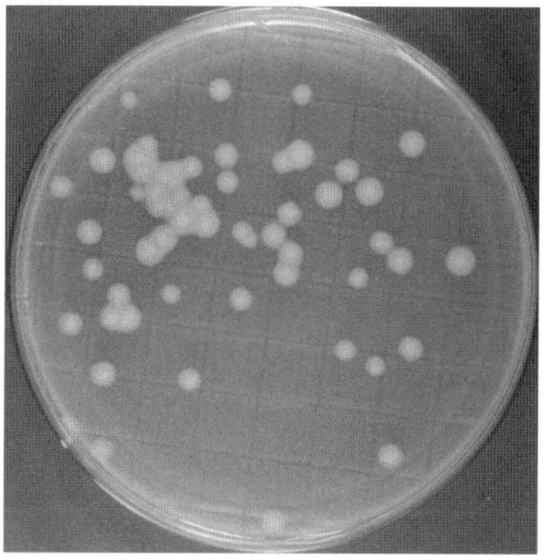

〈그림 5-1〉 MYP agar에서 *B. cereus*의 배양사진

(2) 확인 시험

MYP agar에서 전형적인 집락을 선별하여 보통한천배지(nutrient agar)에 접종하고 30℃에서 24시간 배양한다. 배양 후 그람염색을 실시하여 포자를 갖는 그람양성, 긴 형태의 간균으로 확인된 균은 운동성, nitrate 환원능, VP, β-hemolysis, 혐기배양 시 포도당 이용 등의 생화학 시험을 실시한다.

2) 정량 시험법

(1) 균 수 측정

검체 25g 또는 25mL를 취한 후, 225mL의 멸균인산완충희석액에 가하여 2분간 고속으로 균질화한 것을 시험용액으로 한다. 멸균인산완충희석액을 사용하여 10^{-2}에서 10^{-6}까지의 10배 단계 희석액을 만든다. MYP agar에 단계별 희석용액 0.2mL씩 5장을 도말하여 총 접종액이 1mL이 되게 하고 30℃에서 24시간 배양한 후 집락 주변에 lecithinase를 생성하는 혼탁한 환이 있는 분홍색 집락을 계수한다.

(2) 확인 시험

계수한 평판에서 5개 이상의 전형적인 집락을 선별하여 보통한천배지(nutrient agar)에 접종하고 30℃에서 24시간 배양한 후 바실러스 세레우스 정성 시험법 중 확인 시험에 따라 시험을 실시한다. 단, 최종 계산된 전형적인 집락의 개수가 규격치 이하일 경우 확인시험을 생략할 수 있다.

(3) 균 수 계산

확인동정 된 균 수에 희석배수를 곱하여 계산한다. 예로 10^{-1} 희석용액을 0.2mL씩 5장 도말배양 하여 5장의 집락을 합한 결과 100개의 전형적인 집락이 계수되었고, 5개의 집락을 확인한 결과 3개의 집락이 바실러스 세레우스로 확인되었을 경우 100×(3/5)×10=600으로 계산한다.

9-2. 질병관리본부 감염병 실험실 진단 시험법(*Bacillus cereus*)

1) 분리배양

검체 25g 또는 25mL를 취하여 225mL의 인산완충희석액에 가하여 균질화한 검액을 MYP(Mannitol egg yolk polymyxin agar) 한천배지에 접종하여 30℃에서 24시간 배양한다. 배양 후 혼탁한 환을 갖는 분홍색 집락을 선별한다. 이때 명확하지 않을 경우 24시간 더 배양하여 관찰한다.

2) 확인 시험

MYP(Mannitol egg yolk polymyxin agar) 한천배지에서 전형적인 집락을 선별하여 보통한천배지에 접종하고 30℃에서 24시간 배양한다. 배양 후 그람염색을 실시하여 포자를 갖는 그람양성, 긴 형태의 간균으로 확인된 균은 운동성, nitrate 환원, VP, β-hemolysis, 혐기배양 시 포도당 이용 등의 생화학 시험을 실시한다.

3) PCR에 의한 *B. cereus* 진단법

(1) 집락을 이용한 PCR 방법

집락을 이쑤시개로 미량 찍어 0.1mL의 증류수에 현탁한 후 15분간 끓는 물에 중탕한다.

14,000rpm에서 2분간 원심분리 하여 얻은 상층액을 PCR 주형으로 사용한다.

(2) PCR에 사용하는 primer 서열

bce 유전자는 비용혈성 장독소의 유전자로서 *bce*T1(forward)-(TTA CAT TAC CAG ACG TGC TT)과 *bce*T2(reverse)-(TGT TTG TGA TTG TAA TTC AGG)의 primer 서열을 가진다. PCR 산물의 크기는 428bp이며 PCR 조건으로는 94℃에서 5분간 예열하고 94℃에서 20초, 56℃에서 20초, 72℃에서 20초의 조건으로 35회 돌려준 후 72℃에서 5분간 방치한다.

hbl 유전자는 hemolysin BL의 장독소 유전자로서 *hbl*A1(forward)-(GCT AAT GTA GTT TCA CCT GTA GCA AC)과 *hbl*A2(reverse)-(AAT CAT GCC ACT GCG

TGG ACA TAT AA)의 primer 서열을 갖는다. PCR 산물의 크기는 874bp이며 PCR 조건으로는 94℃에서 5분간 예열하고 94℃에서 20초, 58℃에서 40초, 72℃에서 40초의 조건으로 35회 돌려준 후 72℃에서 5분간 방치한다〈표 5-6〉.

〈표 5-6〉 PCR에 사용하는 primer 염기서열 정보

표적유전자	Primer	염기서열(5′→3′)	산물 크기 (bp)
bce (비용혈성 장독소 유전자)	*bce*T1	TTA CAT TAC CAG ACG TGC TT	428
	*bce*T2	TGT TTG TGA TTG TAA TTC AGG	
hbl (hemolysin BL 장독소 유전자)	*hbl*A1	GCT AAT GTA GTT TCA CCT GTA GCA AC	874
	*hbl*A2	AAT CAT GCC ACT GCG TGG ACA TAT AA	

4) 분리동정

(1) 예비동정 시험

바실러스속은 일반적으로 lecithinase 생성능 등의 생화학적 실험과 온도에서의 내성 정도 등의 세균학적 특성을 토대로 예비동정을 수행하며, 식중독과 관련된 바실러스속의 생화학적 성상 및 반응은 〈표 5-7〉과 같다.

〈표 5-7〉 바실러스속의 생화학적 특성

	B. cereus	*B. licheniformis*	*B. subtilis*
Gram stain	+	+	+
Catalase	+	+	V
Motility	V+	+	+
Indole	−	−	−
Voges-Proskauer	+	+	+
Lecithinase	+	−	−
Aerobic growth	+	+	−
Growth at 50℃	−	+	+
Growth at 55℃	−	±	+

	B. cereus	*B. licheniformis*	*B. subtilis*
Acid from			
Mannitol	−	+	+
Glucose	+	+	+
Arabinose	−	+	+
Xylose	−	+	+
Urease	V	V	
Nitrate reduction	+	+	+
Hydrolysis of			
Starch	+	+	+
Gelation	+	+	+
Tyrosine	+	−	−

V : variable

V+ : variable, usually positive

5) 장독소 진단 키트

바실러스 세레우스는 2가지 식중독 증상(구토, 설사)를 나타내는데 이것은 독소의 작용에 의한 것이며, 때로는 2가지 증상이 함께 나타나기도 한다. 구토독(emetic toxin)은 열에 안정한 저분자·펩타이드에 의해 발생하고, 포자 형성과 관련된 독소이다. 작용 기작은 포도상구균 장독소와 비슷하다. 설사성 독소는 고분자 단백질[약 500,000Da(달톤)]에 의해 발생하고, 콜레라 독소와 증상이 비슷하다. 구토독은 설사성 독소보다 짧은 잠복기를 거치며, 이 증상들은 보통 24시간 정도 지속된 후 회복된다. 바실러스 세레우스 식중독을 일으키는 2가지 독소를 구별하기 위해 분변에 대한 세균학적 검사가 수행되어야 한다. 설사 증상은 콜레라 독소 증상과 비슷하며, 구토 증상은 포도상구균 증상과 유사하여 혼동될 수 있다. 바실러스 세레우스 독소 검출 키트 RPLA법을 이용하며 원리 및 실험방법은 다음과 같다.

6) BCET-RPLA법

RPLA법에 의해 식품과 배양여지(culture filtrate)에서 바실러스 세레우스 설사성 장독소의 단백질 성분을 검출한다. 이 방법은 식품에서 바로 24시간 내에 장독소를 검출할 수 있으며 사용이 간편하고, 결과를 육안으로 분명히 확인할 수 있어 판정하기 쉽다. 배양여지에서의 검출되는 민감도는 2ng/mL로, 여러 가지 식품 내의 enterotoxigenic 바실러스 세레우스의 존재 여부를 알 수도 있으며, 반정량적인 결과를 나타낸다.

7) 장독소 추출

바실러스 세레우스를 식품이나 분변에서 검출한 후 표준 방법을 사용하여 동정한다. 바실러스 세레우스 독소를 검출하기 전 바실러스 세레우스의 선택배지를 이용해 바실러스 세레우스를 분리하고 추정 동정한다. 분리균은 brain heart infusion broth에 접종한 후 32℃에서 6~18시간 동안 배양한 후 원심분리 한 상층액이나 여과를 통한 여액을 장독소 시험용으로 사용한다.

(1) 분석 방법

V-웰 미량측정 플레이트 각 웰에 25㎕의 희석액을 첨가한다(첫 번째 웰에는 첨가하지 않는다). 각 줄의 첫 번째와 두 번째 웰에 25㎕의 검체를 첨가한다. 두 번째 웰에서 25㎕를 취하고 각각의 줄에 2배 희석을 수행한다. 7번째 웰까지만 수행하고, 8번째 웰은 희석액만 첨가한다. 첫 번째 줄의 각 웰에는 감작된 라텍스 25㎕를, 두 번째 줄의 각 웰에는 대조 라텍스 25㎕를 첨가한다. 각 웰의 내용물이 잘 섞이도록 플레이트를 손이나 미세혼합기로 흔들어 준 다음 플레이트를 덮고, 상온에 20~24시간 반응시킨 후 각 웰의 응집을 관찰하여 독소 생성을 판정한다.

10. 바실러스 세레우스 검출 한계

현재 바실러스 세레우스 검출을 위한 시험 방법들은 식품으로부터 일정한 일련의 검사를 위해 사용되는 방법들이다. 먼저 MYP 배지에서 lecithinase 활성을 가지는 분홍색의 부정형 콜로니를 선별하고 여러 가지 생화학적 테스트를 거쳐서 전형적인 바실러스 세레우스를 동정하게 되는데, 바실러스 세레우스 그룹에서 *B. anthracis*는 비운동성과 비용혈능, *B. mycoides*는 고체배지에서 잔뿌리 모양의 생장, *B. weihenstephanensis*는 저온 생리 생장, *B. thuringiensis*는 crystal toxin 생성능과 같은 균주들의 고유 특성에 의해 바실러스 세레우스와 구분할 수 있다고 알려져 있다. 하지만 최근 바실러스 세레우스가 저온에서도 검출되었고 용혈능을 가지지 않는 특성도 가지고 있는 것으로 보고되었으며, 바실러스 세레우스 그룹에 속하는 균주들이 식중독을 일으킬 수 있는 여러 enterotoxin 중 적어도 하나를 보유하고 있어 바실러스 세레우스의 검출이 쉽지가 않다. 그래서 바실러스 세레우스 그룹을 하나의 균주로 분류하자는 의견도 제시되고 있으나 균주 고유의 특성 때문에 아직은 서로 분리되어 분류되고 있다. 현재 상용화되고 있는 미생물 검출용 선택배지들은 미국의 BD사와 Acumedia사, 인도의 Himedia사, 영국의 Oxoid사에서 주로 제조, 판매되고 있다. 바실러스 세레우스 검출용 배지로서는 Mannitol Egg Yolk Polymyxin agar(MYP), Polymyxin Egg Yolk Mannitol Bromothymol blue agar(PEMBA 혹은 Bacillus cereus selective agar), Brilliance Bacillus cereus agar, HiCrome Bacillus agar, K.G agar 등 그 종류가 많지 않으며, 모두 바실러스 세레우스의 lecithinase 활성과 mannitol 비분해성, polymyxin 저항성을 이용하여 검출할 수 있는 배지 제품들이다. 하지만 이런 선택배지들에서 lecithinase 활성을 가지지 않는 바실러스 세레우스와 *B. thuringiensis*가 존재하고 polymyxin 첨가배지에서 배양되지 않는 균주도 있으며 이 두 균주의 생화학적 특성이 유사하기 때문에 균주 감별에 한계가 있다.

VI

캠필로박터 제주니

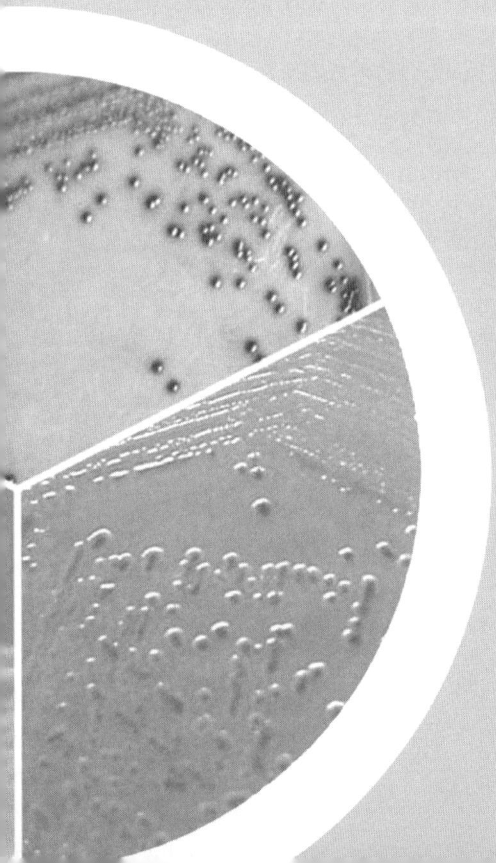

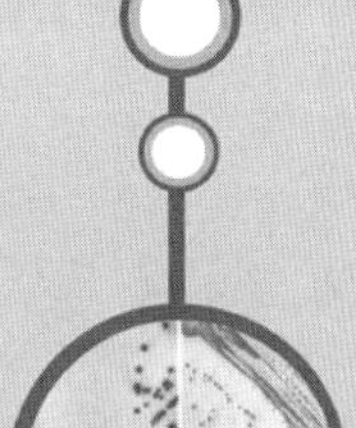

캠필로박터가 1909년 처음으로 분리되었을 때에는 형태적 특징으로 비브리오로 명명되었다. 이후 1957년 킹은 어린이의 설사가 비브리오균과 관련되어 있다고 생각했지만, 실제 사망한 어린이의 대장에서 비브리오와는 다른 형태를 갖는 나선형 세균이 관찰되어 캠필로박터를 설사의 또 다른 원인균으로 생각하게 되면서부터 그 존재를 인식하게 되었다. 하지만 이후의 많은 연구에도 불구하고 이런 나선형 세균의 배양 기술이 없어 결국 시발드와 베론에 의해 콜레라와 호염성 그룹이 아닌 별개의 속명으로 제안되면서부터 캠필로박터에 대한 많은 연구가 진행되었다. 어원이 만곡 혹은 '굽은'의 의미를 갖는 그리스어의 캠필로(campylo)에서 유래된 캠필로박터는 우리가 흔히 알고 있는 헬리코박터 피로리(*Helicobacter pylori*)의 이전 속명이었다(캠필로박터 피로리, *Campylobacter pylori*). 일반적으로 캠필로박터속의 세균들은 탄수화물을 산화하지 못하며 발효도 하지 못하는 독특한 특성을 갖고 있어 일반 배양배지에서 배양하기가 어려우므로 특수한 조성을 갖는 배지에서 배양된다. 또한, oxidase에는 양성을 보이고 MR-VP에 대해서 음성이며 젤라틴을 가수분해하지 못한다.

1. 분류

1900년대 초에 캠필로박터가 처음 분리되었을 때 형태적으로 비브리오와 거의 같은 특징을 갖고 있어 비브리오(Vibrio) 속명이 붙여졌다. 하지만 이 세균이 당을 사용하지 못하는 특성과 핵산의 염기 구성비 중에서 G+C content(%)가 비브리오와 차이가 많아서 캠필로박터라는 속으로 새롭게 명명되었다. 일반적으로 캠필로박터속은 15종의 균종이 있는데 식품과 사람의 임상시료에서 분리되는 캠필로박터속의 주요 세균으로는 *C. jejuni*, *C. coli*, *C. fetus*, *C. concisus*, *C. hyointestinalis*, *C. lari*, *C. fennelliae*, *C. sputorum* 등이 있다.

2. 형태 및 생리조건

일반적인 캠필로박터균종의 형태는 나선형의 굽은 막대 모양이지만 때로는 S자

모양, 갈매기 날개 모양, 콤마형, 구형 등 다양한 형태를 보이기도 한다. 이러한 균의 모양은 임상시료의 경우 감염된 조직에서 관찰할 때에는 콤마형이, 배양단계에서는 대다수가 나선형으로 관찰된다. 하지만 균을 오래 배양하게 되면 캠필로박터균의 모양은 구형으로 변하는 특성을 갖는다. 균의 길이는 0.5~5μm, 폭은 0.2~0.5μm 정도가 되고 단모성 또는 양극 단모의 편모를 갖고 있으며 아포가 없는 것이 특징이다. 캠필로박터는 보통의 경우 대기 중에서 생육이 되지 않으며 3~15%의 산소가 존재하는 미호기성 환경에서 최적의 생육을 보인다. 실온에서는 생존하기 어렵고 산성 조건에서도 생존력이 약화된다. 캠필로박터의 생장온도 범위는 31~46℃이며, 최적 생장 온도는 42~46℃이다. 생장 pH는 4.9~9.0이고 최적 생장을 위한 pH는 6.5~7.5이다. 수분 활성(Aw) 범위는 0.99〉이며, 0.9 이하에서는 증식할 수 없다. 산소, 이산화탄소 및 질소의 함량은 각각 5%, 10%, 85%이다. 분열시간은 장내 세균의 약 2배인 46~60분으로 알려지고 있다.

〈표 6-1〉 캠필로박터 제주니 증식 조건

	증식 범위	최적 생장 조건
온도	31~46℃	42~43℃
pH	4.9~9.0	6.5~7.5
수분 활성(Aw)	0.99 〉	0.99

식품의 수분 활성(Water activity, Aw)

식품의 수분은 일부 성분이 용해된 자유수(free water) 상태로 존재하는 것과 결합 흡착된 결합수(bound water)로 존재하는 것을 포함한다. 이때 식품의 결합수는 미생물이 이용할 수 없는 수분을 말한다. 식품 내에서의 수분 함량(%)으로 미생물의 생육 능력 또는 억제 한계를 나타낼 수 없으며 특히 식품의 종류에 따라서 수분 함량이 다르기 때문에 세균의 생육 정도와 관계를 수분 함량비(%)로 표시할 수 없다. 따라서 세균이 직접 식품 중에 함유한 수분을 이용할 수 있는 척도로 수분 활성이 활용되고 있다.

3. 생화학적 특성

캠필로박터균의 기본적인 생화학적 특징은 카탈라아제(catalase)에 대해 양성, 옥시다아제(oxidase)에 대해 양성으로, 캠필로박터는 탄수화물을 분해하지 못하는 당 비발효성균이다. 45℃에서 생육하는 증식 시험과 H_2S 생성 음성, 마뇨산염에 대해 양성을 보이며 nalidixic acid에 대해서는 감수성을, cephalothin에서는 내성을 갖는 특징이 있다〈표 6-2〉.

카탈라아제(Catalase)

산소가 존재할 때 호흡을 통해 생장하는 호기성균이 산소를 최종 전자 전달 과정의 수용체로 이용하여 물을 생성시키는 과정에서 부산물로 과산화수소(H_2O_2, hydrogen peroxide)가 만들어진다. 이때 생기는 과산화수소는 반응성이 매우 높은 강산화제로 핵산, 효소 및 세포에 필수적인 다양한 분자와 반응하여 기능 변화를 일으킨다. 따라서 이와 같은 과산화수소에 대한 세포의 방어 기전으로 호기성균은 카탈라아제를 생산하여 과산화수소를 물과 산소로 변화시킨다.

$$2H_2O_2 \xrightarrow{\text{catalase}} 2H_2O + O_3$$

세균의 카탈라아제를 확인하는 시험 방법은 우선 평판배지 또는 사면배지에 목적하는 균을 도말하여 충분히 배양한 다음, 단일 집락을 적당한 기구(needle 또는 loop)를 이용하여 슬라이드글라스에 옮긴 후 3%의 과산화수소를 적당량 떨어뜨려 보면 된다. 이때 목적균이 카탈라아제를 생산하는 균이면 과산화수소와 반응하면서 산소를 발생하게 되는데, 산소의 발생은 거품이 발생되는 것으로 확인하면 된다.

〈표 6-2〉 캠필로박터속 세균의 생화학적 특징

	Cj	Cjd	Cc	Cff	Cfv	Css	Csb
호기적 생육	−	−	−	−	−	−	−
Oxidase	+	+	+	+	+	+	+
Catalase	+	+	+	+			
Glucose 분해	−	−	−	−	−	−	−
생육 시험							
25℃	−	−	−	+	+	+	D
37℃	+	+	+	+	+	+	+
42℃	+	+	+	−	−	−	D
Hippurate 가수분해	+	+	−	−	−	+	−
1% glycine에서 생육	+		+	+	−	+	+
TSI 한천배지 H_2S 생성	−	−	−	−	−	+	+
Nalidixic acid(30㎍)	S	S	S	R	R	S	R
Cephalothin(30㎍)	R	R	R	S	S	S	S

Cj, *C. jejuni*; Cjd, *C. jejuni* subsp. *doylel*; Cc, *C. coli*; Cff, *C. fefus* subsp. *fefus*; Cfv, *C. fefus* subsp. *venerealis*; Css, *C. sputorum* subsp. *sputorum*; Csb, *C. sputorum* subsp. *bubulus*

4. 식중독

캠필로박터균이 식중독을 발병시키는 과정을 보면 먼저, 음식물과 함께 위를 통과하여 장관(소장 중하부와 대장을 총칭)하는 장관에서 1차적으로 증식을 시작한다. 그리고 장관 내 정착 인자가 작용하여 장 점막에 점착 후, 세포 내 침입 인자에 의해 점막 내로 침입한다. 이후에 엔테로키신이나 사이토톡신 등에 의해 설사 증상이 나타나게 된다. 하지만 정확한 식중독의 작용 기전은 현재 규명 중에 있다. 캠필로박터균은 일반적으로 소, 닭, 염소 등의 가축 병원균으로 유산과 설사 등을 유발한다. 사람에서는 *C. jejuni*와 *C. coli*가 감염력이 높으며 주로 설사를 일으켜 육류를 통한 식중독, 즉 캠필로박터 식중독(감염성 장염 또는 식중독)을 일으킨다. *C. jejuni*와 *C. coli*는 원래 칠면조, 염소, 소, 돼지 등의 장관에 서식하고 있는 것으로 사람의 장에서는 발견되지 않는 세균이다. 최근에는 사람의 하반신 마비를 일으키는 Guillan-Barre 증후군의 원인균으로 추정되고 있다. 이들 세균에 오염된 식품을 섭취한 후 발병되기까지의 잠복기는 평균 5일 이내이며 증상은 설사, 복통, 발열, 구토 등이고 패혈증을 일으키는 경우도 있으나 치료 후 경과가 좋은 것으로 알려지고 있다. 음식점, 여관, 학교급식, 유치원 등의 집단급식시설에서 대규모의 식중독이 발생하기도 하는데, 특히 감수성이 높은 학생들이 많이 모이는 학교 급식장에서 닭고기 음식의 제공은 많은 주의가 필요하다. 캠필로박터균의 감염균량은 보통의 식중독 원인균보다 매우 적은 10^3/g(mL) 수준이다. 1981년에 Robinson이 우유에 *C. jejuni* 500개를 첨가하여 직접 마셔본 결과 4일 후에 복통과 설사가 있었으며 분변에서 *C. jujuni* 10^6/g가 검출되었다. 또한, 1983년에 Black 등이 *C. jejuni*를 150mL에 10^2개 첨가한 다음 학생들에게 이를 음용시킨 결과, 10명 중에서 5명에게 식중독이 발병했으며 이때 잠복시간이 88시간임을 확인했다. 이와 같이 *C. jejuni*는 소량으로도 콜레라와 동일한 수준의 감염력을 가지고 있음이 확인되었다.

5. 식품으로부터 오염

*C. jejuni*는 가축의 장관내 상재균으로 일반적으로 소와 닭에 많이 서식하며 *C. coli*는 돼지에 많이 존재하는 것으로 알려지고 있다. 따라서 이들 가축의 도살 과정에서 도체간 오염과 식육점에서 이들 육고기의 처리 및 조리 과정에서 교차 오염이 될 수 있다. 특히, 시판되는 생닭고기의 오염률이 높은 것으로 알려지고 있지만 생산지와 로트에 따라서 오염 정도가 상이하다. 애완동물의 경우 직접적인 접촉에 의해서 감염이 되는 경우는 거의 없지만 감수성이 높은 어린이의 경우는 애완동물에 대한 감염이 종종 보고된다. 캠필로박터균이 개, 고양이의 상재균이라는 점에서 철저한 위생 관리가 요구된다.

6. 주요 원인 식품

캠필로박터 식중독은 다른 세균성 식중독과 달리 잠복기가 길기 때문에 원인 식품의 판별이 용이하지는 않지만 식중독을 매개하는 주요 식품으로는 닭고기가 알려져 있다. 그밖에 채소볶음, 생선초밥, 샌드위치, 생선회, 굴 등도 주요 원인 식품이 된다. 하지만 캠필로박터균은 음식물을 조리하는 온도에서 쉽게 살균되며, 습한 환경에서는 장기간 생존할 수 있는 데 반해서 건조한 환경에서는 생존력이 크게 낮아진다. 따라서 냉장 조건에서의 식품을 보관하는 것은 짧은 기간으로 한정해야 한다.

일본(1994~1998년)에서는 원인불명식품(37.5%), 기타(36.9%), 육류(23.5%)의 순으로, 원인불명식품이 1/3 이상인 것은 캠필로박터균이 매우 까다로운 균이기 때문이라고 할 수 있다. 다른 나라의 경우 원인 식품은 생우유가 압도적인 것으로 보고되고 있다.

7. 예방과 대책

캠필로박터균의 약점은 열에 약하다는 점이다. 캠필로박터는 30℃ 이하의 온도에서도 증식이 되지 않는다. 또한 건조한 조건에서도 약하다. 3% 식염의 식품에서 증식이 불가능하며 수분 활성도가 낮아서 0.9 이하가 되면 증식할 수 없다. 예방대책은 원재료 및 제품의 오염 방지가 첫째이며, 생산단계에서 유통, 소비까지의 효과적인 제어 방법이 필요하다. 최근 농장 및 처리장 닭들의 보균은 캠필로박터균과 황색포도상구균이 거의 전부이다. 보균을 가지고 있는 닭이 유입되면 보균을 갖지 않은 닭들이 통상 1~2일 만에 바로 오염되지만 이에 따른 특별한 대책이 강구되지 못하고 있다. 손질한 닭을 위한 세정 탱크나 살균소독은 실제적으로 효과가 없는 것으로 알려져 있다. 처리장의 수송 컨테이너의 분변 오염, 접촉 오염, 처리공장에서의 교차 오염의 증가가 그대로 제품으로 유통되어 소비자로 침투되기 때문에 위생에 대한 철저한 관리가 이루어져야 한다. 캠필로박터균은 수계 오염도 가능하기 때문에 생수를 마시는 것을 삼가야 한다. 닭고기 등을 조리한 기구 일체의 세척, 건조와 손 세척에 의한 2차 오염의 발생도 차단시켜야 한다. 캠필로박터균은 4℃ 정도의 온도에서도 3일 이상 생존이 가능하며, 25℃에서는 24시간 이내에 사멸되고, 37℃에서는 증식되지 않는다. 특히 익힌 고기는 저온 조건 하에서 장시간 생존할 수 있으며 25℃에서 3일 이상 생존이 가능하고 37℃에서도 증식할 수 있다. 또한, -20℃의 동결육에서는 1개월 이상 생존할 수 있기 때문에 가능한 조리된 식품의 빠른 섭취가 캠필로박터균에 의한 오염과 식중독을 방지할 수 있는 실생활의 대책이 될 수 있다.

8. 캠필로박터 시험법

국내 캠필로박터 검출 방법에 대한 식품공전 미생물 시험법, 축산물공전 미생물 시험법, 질병관리본부 병원체 실험실 진단법을 소개하고자 한다.

8-1. 식품공전 *Campylobacter jejuni* 시험법

1) 증균배양

시험샘플(검체) 25g 또는 25mL를 취해서 항생제 혼합액 1이 첨가된 HUNT 배지 100mL에 넣고 균질화한 다음, 35℃에서 4~5시간 동안 미호기(5% O_2, 10% CO_2, 85% N_2) 조건으로 1차 증균배양 한다. 1차 증균 후, cefoperazone 용액(0.8g/100mL)을 0.4mL 첨가하고 42℃에서 24~48시간 미호기 조건으로 2차 증균배양 한다. 시험샘플이 유제품인 경우에는 1차 증균배양 시 항생제 혼합액 2를 사용하고, 2차 증균배양에는 rifampicin 용액(0.125g/100mL)을 0.4mL 첨가하여 배양한다.

HUNT 배지

Beef extract powder	10g
Peptone	10g
Sodium chloride	5g
Yeast extract	6g

위의 성분을 증류수 950mL에 녹인 후 pH 7.5로 조정하고 121℃에서 15분간 멸균하여 식힌다. 그 다음 말 혈액 50mL, 항생제 혼합액 1 또는 항생제 혼합액 2를 16mL 가하고, FBP 용액 4mL를 혼합한다.

○ 항생제 혼합액 1

Sodium cefoperazone(0.8g/100mL), trimethoprim lactate(0.375g/100mL), vancomycin (0.25g/100mL), amphotericin B(0.05g/100mL) 용액 각 4mL씩을 혼합한다.

○ 항생제 혼합액 2

Sodium cefoperazone(0.8g/100mL), trimethoprim lactate(0.375g/100mL), vancomycin

(0.25g/100mL), rifampicin(0.125g/100mL) 용액 각 4mL씩을 혼합한다.

○ FBP 용액

Ferrous sulfate, sodium metabisulfite, sodium pyruvate 6.25g씩을 증류수 100mL에 녹인다.

2) 분리배양

증균배양액을 modified campy blood free 한천배지 또는 Abeyta-Hunt 한천배지에 각각 접종하여 42℃에서 24~48시간 동안 미호기 조건으로 빛을 차단한 암소에서 배양한다.

Modified campy blood free 한천배지	
CCDA agar base	45.5g
Yeast extract	2g

위의 성분을 증류수 1,000mL에 녹여 pH 7.4로 맞춘 후 121℃에서 15분간 멸균하여 식히고, sodium cefoperazone 용액(0.8g/100mL) 4mL, rifampicin 용액(0.125g/100mL) 4mL, amphotericin B 용액(0.05g/100mL) 4mL를 첨가한다.

Abeyta-Hunt blood 한천배지	
Heart infusion broth	25g
Agar	15g
Yeast extract	2g

위의 성분을 증류수 950mL에 녹여 pH 7.4로 맞춘 후 121℃에서 15분간 멸균하여 식히고, sodium cefoperazone 용액(0.8g/100mL) 4mL, rifampicin 용액(0.125g/100mL) 4mL, amphotericin B 용액(0.05g/100mL) 4mL, 말 혈액 50mL를 첨가한다.

Campylobacter cefex agar 선택배지

HiMedia사의 Campylobacter cefex agar는 캠필로박터균종의 분리와 배양을 위해서 사용되는 선택배지이다. 배지는 1L를 기준으로 casein enzymic hydrolysate 15g, peptic digest of animal tissue 10g, sodium chloride 5g, yeast extract 2g, glucose 1g, ferrous sulfate 0.5g, sodium pyruvate 0.5g, sodium bisulphite 0.35g을 함유한다. 또한 배지의 선택성을 주기 위해서 selective supplement(FD105, cefoperazone 32mg, cycloheximide 0.1g)와 difibrinated sheep blood를 무균 조건에서 첨가한다. 각 조성물의 기능을 살펴보면 casein hydrolysate, peptic digest of animal tissue 및 yeast extract는 질소원, 탄소원, 황, 비타민 및 미량 유기물을 제공한다. 글루코스(glucose)는 에너지원으로 제공되고 blood는 X-factor(heme)의 공급원이며 기타 증식에 필요한 영양분을 제공한다. FD105에 포함된 cefoperazone은 호기성과 혐기성의 그람양성과 그람음성 세균의 증식을 억제하며 cycloheximide는 곰팡이의 오염을 억제하는 기능을 함으로써 캠필로박터균종의 분리를 촉진시키는 기능을 한다. Campylobacter cefex agar 배지에서 캠필로박터균종의 분리를 위한 조건은 미호기적 조건에서 48~72시간 동안 42℃의 온도가 최적 배양을 유도한다.

〈표 6-3〉 Campylobacter cefex agar의 배양 반응성

Organism	Inoculum(CFU)	Growth	Recovery
C. jejuni (ATCC 29428)	50~100	good~luxurient	≥50%
E. coli (ATCC 25922)	50~100	none~poor	≤10%
E. feacalis (ATCC 29212)	50~100	none~poor	≤10%

3) 확인 시험

Modified campy blood free 한천배지에서는 원형 또는 일정하지 않은 형태로서 반투명한 흰색 또는 투명한 집락을 선별하며 또는 Abeyta-Hunt 한천배지에서 무지갯빛 광택 집락을 선별하여 항생제를 넣지 않은 Abeyta-Hunt 한천배지에 신속하게 접종하여 배양한다. 배양된 집락을 암시야 또는 위상차 현미경으로 검경하거나 또는 대비염색하여 지그재그 형태 여부를 관찰한다. 이때 대비염색은 10mL의 식염수에 2방울 정도의 crystal violet을 혼합한 용액을 사용한다. 현미경을 통해서 확인한 균에 대하여 catalase 및 oxidase 시험으로 양성임을 확인하고 이후 hippurate 분해 양성, 황화수소 비생성, nalidixic acid 감수성, cephalothin 내성, 25℃에서 비생

육, 42℃에서 생육 여부 등 생화학 시험을 실시한다.

8-2. 축산물 공전 *Campylobacter jejuni/coli* 시험법

캠필로박터균의 모든 배양은 미호기적으로 산소를 적게 하고 CO_2를 증가시키거나 또는 혐기성 배양기에 CO_2 Gas Pack 또는 Campy Pack을 넣어 CO_2 상태를 유지하는 미호기적 배양을 실시한다.

1) 증균배양

시료 25mL(g)을 stomacher bag에 무균적으로 취하여 Campylobacter supplement(A)[유가공품의 경우는 Campylobacter supplement(B)]가 첨가된 CEB 배지 225mL을 넣고 균질화한 후 4~5시간 동안 37℃에서 미호기적 조건으로 전배양한다. 전배양 후 항생제 중 cefoperazone(4mL/L)을 더 첨가[유가공품일 경우는 rifampicin(4mL/L)을 더 첨가]하여 42℃에서 24~48시간 미호기적 조건으로 배양한다.

2) 분리배양

배양액을 CBFA(또는 CCA agar, BCA) 배지에 획선도말 하여 42℃에서 24~48시간 미호기적 조건으로 암소에서 배양한다. 분리배양용 배지는 무균적으로 건조시켜 사용한다.

3) 확인 시험

캠필로박터균의 집락은 원형이거나 불규칙적이며 가장자리는 완만하다. 또한 두꺼운 반투명의 흰색 집락으로 자라거나 분산되어 필름 모양의 투명한 집락으로 보이기도 한다. 의심스러운 집락에 대해서는 항생제를 넣지 않은 CBFA(또는 BCA) 배지에 신속히 배양하여 다음의 확인 시험을 실시한다. 염색은 대비염색(contrast stain)을 실시하는데, 한 집락을 취하여 식염수에 현탁한 후 1방울의 contrast stain(10mL 식염수에 2방울의 crystal violet을 혼합한 것)으로 염색하여 cover slip을 덮고 현미경으로 검경한다. 대비염색으로는 carbol fuchsin을 사용한다. 모든 캠필로박터는 그람음성으로 구부러진 지그재그형의 사슬 모양이며 길이는 1.5~5μm로 관찰된다. 배지에서 배양된 집락을 이용하여 catalase와 oxidase 시험을 실시하여, catalase, oxidase 시험 양성을 확인한다. 기타 생화학적 성상 시험을 아래와 같이 확인한다. 모든 시험은 *C. jejuni*(hippurate와 그 외의 실험)와 *C. lari*(항생제 내성 실험)를 대조균으로 사용한다.

(1) Hippurate 분해 시험

Nonselective 또는 antibiotic inhibition plate에 배양한 집락을 1% hippurate 수용액 0.4mL에 접종한 후 37℃ 수조에서 2시간 배양하여 ninhydrin 용액 0.2mL을 첨가하고 잘 혼합한 후 10분간 더 배양한다. *C. jejuni*는 양성(violet 또는 pale purple)을 보인다.

(2) TSI 반응 시험

혈액배지에서 배양한 집락을 TSI 사면배지에 접종하여 35~37℃에서 5일간 미호기적으로 배양한다. 모든 *Campylobacter*는 alkaline/alkaline 반응을 보이며, *C. jejuni*는 H_2S를 생산하지 않는다.

(3) Glucose 이용능 시험

혈액배지에 배양한 집락을 glucose가 포함된 O-F medium과 glucose가 들어 있지 않은 O-F medium 시험관에 각각 접종한 후 35~37℃에서 4일간 미호기적으로 배양한다. *Campylobacter*는 glucose 또는 그 외의 당을 분해하지 않는다.

다음의 생화학 시험은 0.1% peptone water 5mL에 시험 집락을 McFarland No.1의 농도로 현탁한 후, 현탁액을 이용하여 실험을 실시한다.

(4) 항생제 억제 시험

항생제를 넣지 않은 CBFA에 현탁액을 도말하여 nalidixic acid와 cephalothin disc를 놓은 후 37℃에서 24~48시간 미호기적으로 배양한다. 크기에 상관없이 저지환의 확인은 감수성을 나타낸다.

(5) 온도에 의한 생장 시험

3개의 CBFA에 현탁액을 획선도말 하여 각각 25℃, 35~37℃, 42℃에서 미호기적으로 3일간 배양하여 25℃에서는 비생장, 35~37℃와 42℃에서는 생장되는 것을 확인한다.

(6) MacConkey agar에서 생장 시험

MacConkey agar 배지에 획선하여 미호기적 조건으로 35~37℃에서 3일간 배양하여 생장되는 것을 확인한다.

(7) Brucella semisolid agar에서 생장 시험

Brucella semisolid agar에 접종하여 35~37℃에서 3일간 배양하여 배지의 윗 표면에 narrow band가 형성된 것을 확인한다.

(8) 1% glycine, 3.5% NaCl에서 생장을 확인하고, nitrate reduction을 확인한다.

8-3. 질병관리본부 감염병 실험실 진단 시험법(*Campylobacter*)

1) 검사 방법

(1) 검체 수집, 운송 및 보관

① **대변검체**

장관계 질환 환자로부터 캠필로박터균을 분리하는 데는 대변검체가 좋다. 직장채변도 배양검체로서 가능하다. 일반적인 시험으로 일반 장내 병원균 검사에 하나의 대변검체가 높은 양성 반응을 보이지만 임상환경이나 수송 지연 등의 이유 때문에 첫 번째 검체로 2개의 검체를 필요로 할 수 있다.

2시간 이상 지연이 되면 수송배지를 사용하여 수송해야만 한다. 한천 농도를 줄인 Cary-Blair 배지가 다른 장내 세균 병원체뿐만 아니라 캠필로박터균에도 가장 좋은 수송배지이다. Cary-Blair 수송배지에 보존된 검체는 즉시 시험하지 않을 경

우 4℃에서 보관해야 한다.

② 혈액검체

Campylobacter jejuni, *C. fetus* 그리고 *C. upsaliensis* 균을 혈액에서도 분리할 수 있다. BACTEC 시스템과 SeptiChek 시스템이 캠필로박터균 분리에도 좋다.

③ 선택배양

캠필로박터균은 5% O_2, 10% CO_2 그리고 85% N_2 조건에서 잘 자란다. 일반적으로 사용하기에 편리한 시판되고 있는 미호기성 가스 생성 팩을 사용하면 균이 잘 자라는 조건이 된다. 여과법과 병용해서 선택배지에 검체를 1차 접종하여 균을 분리한다. *C. jejuni*와 *C. coli*를 분리하는 데 많은 선택배지가 추천되고 있다. 이들 중 혈액이 포함되지 않는 charcoal-cefoperazone-deoxycholate agar(CCDA)와 charcoal based 선택배지(CSM), 혈액이 포함된 skirrow 배지, campy-CVA 배지 등이 사용되고 있다. 대변검체에서 균 분리율을 높이려면 혈액을 첨가한 선택배지와 혈액이 포함되지 않은 CCDA 배지 등을 조합하여 사용하면 한 가지 배지를 사용하는 것보다 10~15% 정도 높은 균 분리율을 보여준다. 경제적인 문제로 한 가지 배지를 사용해야 된다면 campy-CVA나 CCDA가 좋다. 대부분의 선택배지는 장내 세균의 정상세균총을 억제하기 위해서 cefoperazone 등 하나 혹은 그 이상의 항균제를 포함하고 있다.

일부 선택배지에 들어 있는 cephalothin, colistin 그리고 폴리믹신 B 항균제는 *C. jejuni*와 *C. coli* 균을 억제하기도 하며 *C. fetus*, *C. jejuni* subsp. *doylei*, *C. upsaliensis*을 억제하기도 한다. 캠필로박터 감염이 의심되어 채취한 혈액은 혈액배지에 접종하여 37℃에 미호기성 환경 조건으로 24시간 내지 48시간 배양한다. *C. jejuni*를 배양하기 위한 대변검체의 수송은 검체를 지체하지 않고 4℃로 유지하여 실험실로 보내야 한다. 24시간 이내 시험을 할 수 없는 대변검체나 식품이나 환경 검체같이 캠필로박터 균 수가 적은 검체는 수송배지를 사용해야 한다.

④ 증균배양

대변검체에서 캠필로박터균 검출을 향상시키기 위하여 preston 증균배지, campy-thio 증균배지, 캠필로박터 증균배지 등 많은 배지가 사용되고 있다. 증균과정은 급성기가 지났거나 검체가 실험실에 늦게 도착하여 균 수가 적다고 생각될 때 유용하다. 그러나 대변검체에서 항상 필요한 과정은 아니다.

⑤ **여과법**

C. jejuni, *C. coli* 그리고 기타 캠필로박터균을 분리하기 위하여 비선택 영양배지에 여과 방법을 사용하여 대변에서 배양할 수 있다. 캠필로박터균은 0.45~0.65μm 크기의 막 여과지를 쉽게 통과하는 반면 다른 대변 정상세균총들은 짧은 시간 동안 여과지를 통과하지 못하는 원리를 이용한 것이다. 0.65μm 크기를 가진 셀룰로스 아세테이트 막 여과지를 사용하는 것을 권장하고 있다. 여과지 배양법은 멸균된 여과지를 항생제가 없는 CCDA, CSM 혹은 혈액이 첨가된 배지 위에 놓는다. 대변 현탁액 10~15방울을 여과지 위에 떨어뜨리고 나서 평판배지를 37℃에서 1시간 배양한다. 1시간 후 여과지를 제거하고 평판배지를 미호기성 환경으로 배양한다. 필요하다면 수소를 요구하는 균을 위해서 수소 농도를 증가시키는 것이 좋다. 여과배양 방법은 선택배지에 1차 분리배양법만큼 민감도가 높지 않다. 그래서 단독으로보다는 선택배지 배양법을 보완하여 사용하는 것이 좋다.

일반적으로 캠필로박터균을 배양할 때 대부분의 실험실에서는 1차 배양 온도로 42℃를 사용한다. 이 온도에서 *C. jejuni*와 *C. coli* 균은 선택배지에서 자라며, *C. upsaliensis*도 42℃에서 잘 자라지만 선택배지에서 항상 분리되지 않는다. *C. fetus* 균은 이 온도에서 생육하지 못한다.

반대로 대부분의 캠필로박터균종은 37℃에서 잘 자란다. Skirrow 배지와 반고형 혈액이 없는 운동성배지와 같은 선택배지는 42℃에서 사용하도록 개발되었으며 37℃에서 선택적 특성이 없지만 CCDA와 CSM은 37℃에서 높은 선택적 특성을 가진다. 72시간 배양하여 성장하지 않으면 음성으로 판독한다.

캠필로박터균의 정확한 초기 진단을 위한 각종 검사는 여러 종류의 배지와 여과법 등 때문에 비용이 많이 든다. 따라서 급성 세균성 장관질환 진단 검사 시 호열성 세균 캠필로박터균의 분리에는 실질적으로 campy-CVA 배지나 CCDA 배지를 사용하여 42℃에서 배양한다. 1차 배양 검사에서 분리되지 않고, 추가적인 시험이 필요하다면, 추가적인 대변검체를 여러 가지 선택배지에 접종하고 미호기적 환경 조건에서 37℃로 배양한다.

2) 분리동정

(1) 예비동정 시험

사용배지에 따라 캠필로박터균 집락은 여러 가지 모양을 나타낸다. 일반적으로 캠필로박터균은 회색을 띠고, 편편하며, 불규칙하고, 퍼져 있는 집락 모양을 나타낸다. 특히 최근에 만든 배지에서는 접종 선을 따라 퍼지는 모양을 보이는 특징을 가진다. 혈액배지에서 용혈은 나타내지 않는다.

예비동정으로 그람염색과 oxidase 시험을 실시한다. 캠필로박터균은 그람음성, S 자형 간균 모양이며 oxidase 양성이다.

(2) 확인동정 시험

① Hippurate 시험

Hippurate 시험은 *C. jejuni*와 다른 캠필로박터균종과의 구분을 짓는 중요한 시험이다. 혈액한천배지에 자란 집락을 1% hippurate 수용액을 넣은 시험관에 접종한 후 37℃ 항온수조에 2시간 반응시킨다. 여기에 0.2mL ninhydrin 용액을 넣어 잘 혼합하여 10분 동안 방치한 후 색깔 변화를 관찰한다. 진한 자줏빛을 보이면 양성이고, 약한 청색은 음성이며, *C. jejuni* 균만 양성 반응을 보인다.

i) 1% Hippurate 수용액

0.1g sodium hippurate를 증류수 10mL에 녹여 필터로 멸균 여과하여 사용, 냉장고에 보관하거나 0.4mL씩 분주하여 -20℃에 보관한다.

ii) Ninhydrin 용액

acetone과 butanol을 같은 부피로 50mL/50mL 혼합한 용액 100mL에 ninhydrin 3.5g를 녹인다.

iii) 42℃ 선택배지에서 성장하고 oxidase 양성이며, 그람염색에서 현미경적 특성을 가지고 hippurate에서 양성 반응을 보이면 일반적으로 임상 목적에서는 더 이상 다른 시험이 필요하지 않으며 *C. jejuni*라고 보고한다.

② 성장 온도 시험

Heart infusion broth나 tryptic soy broth에 McFarland No.1 표준 탁도와 비교하여 균 농도를 만든다. 멸균 면봉을 제조한 균액에 넣어 이 면봉 균액을 mueller-hinton agar에 5% 양 혈액을 첨가한 혈액배지에 가로질러 접종한다. 각 평판배지를 시험 온도(25℃, 37℃, 42℃)와 미호기 조건에서 배양하여 성장 여부를 확인한다.

③ Catalase 생성 시험

과산화수소(3%) 2~3방울을 집락 위에 떨구거나 집락을 소량 취하여 슬라이드 시험법을 실시한다. 거품 같은 산소가 발생하면 양성으로 판정한다.

④ Indoxyl acetate 시험

호열성 캠필로박터균들을 감별하는 데 유용한 시험이다. 디스크 방법은 빠르고 시험하기 쉽다. 디스크는 아세톤에 20% indoxyl acetate 용액을 만들어 빈 디스크에 25㎕을 떨어뜨려, 실온에서 말린 후 건조제가 든 갈색병에 넣고 4℃ 냉장고에 보관한다(상품화되어 있는 디스크도 있다). 평판배지에서 자란 균을 백금이로 떠서 디스크 위에 접종한 후 멸균 증류수를 디스크 위에 첨가한 다음 디스크 색깔이 진한 푸른색이나 푸른 녹색으로 변하면 양성으로 판독한다. 약한 양성 반응은 10분에서 30분에 희미한 푸른색을 나타내며, 음성은 색깔 변화가 없다.

⑤ Nitrate 환원 시험

Nitrate broth 배지에 세균 부유액 0.1mL를 접종한다. Nitrate broth에 자라지 않는 균은 mueller-hinton broth에 0.3% 한천과 0.2% potassium nitrate를 첨가한 반고체형 배지에 여러 번 접종한다. 24시간 배양 후 반응시약을 넣은 다음 붉은색으로 변화하면 양성으로 판정한다.

⑥ H_2S 생성 시험

KIA나 TSI에 접종하여 H_2S 생성능을 관찰한다.

⑦ 항생제 감수성 시험

항생제 내성을 디스크 확산법으로 판정한다. 평판배지에서 자란 균을 tryptic soy broth에 부유시켜 McFarland 표준 탁도에 맞춘다. 배양액을 면봉에 적셔 5% 혈액한천배지에 골고루 접종한다. 30µg의 nalidixic acid와 30µg의 cephalothin 디스크를 배지 위에 올려놓고 37℃에서 미호기 상태에서 48시간 배양한다. 디스크 주위에 집락 증식이 조금이라도 억제되면 감수성으로 판독한다.
주의점: *C. jejuni* 종 가운데 일부가 nalidixic acid 내성이 나타나며, 최근에는 nalidixic acid의 감수성이 이 종과 상관관계가 별로 없음이 밝혀졌다.

(3) PCR에 의한 캠필로박터 진단법

① 집락을 이용한 PCR 방법

집락을 이쑤시개로 미량 찍어 0.1mL의 증류수에 현탁한 후 그 현탁액을 15분간 끓는 물에 중탕한다. 14,000rpm에서 2분간 원심분리하여 얻은 상층액을 PCR 주형으로 사용한다.

② PCR에 사용하는 primer 서열

i) hip(hippuricase) 유전자는 *C. jejuni*의 동정에 사용되는 유전자로 hip F (forward)-(GAA GAG GGT TTG GGT GGT G)와 hip R (reverse)-(AGC TAG CTT CGC ATA ATA ACT TG)의 primer 서열을 가진다. PCR 산물의 크기는 735bp이며 PCR 조건으로는 94℃에서 5분간 예열 후 94℃에서 60초, 66℃에서 60초, 72℃에서 60초의 조건으로 25회를 반응시킨 후 72℃에서 5분간 추가 반응시킨다.

ii) asp(aspartokinase) 유전자는 *C. coli* 동정에 사용되는 유전자로 asp F (forward)-(GGT ATG ATT TCT ACA AAG CGA G)와 asp R (reverse)-(ATA AAA GAC TAT CGT CGC GTG)의 primer 서열을 가진다. PCR 산물의 크기는 500bp이며 PCR 조건으로는 94℃에서 5분간 예열 후 94℃에서 60초, 60℃에서 60초, 72℃에서 60초의 조건으로 25회를 반응시킨 후 72℃에서 5분간 추가 반응시킨다.

VII

클로스트리디움 퍼프린젠스

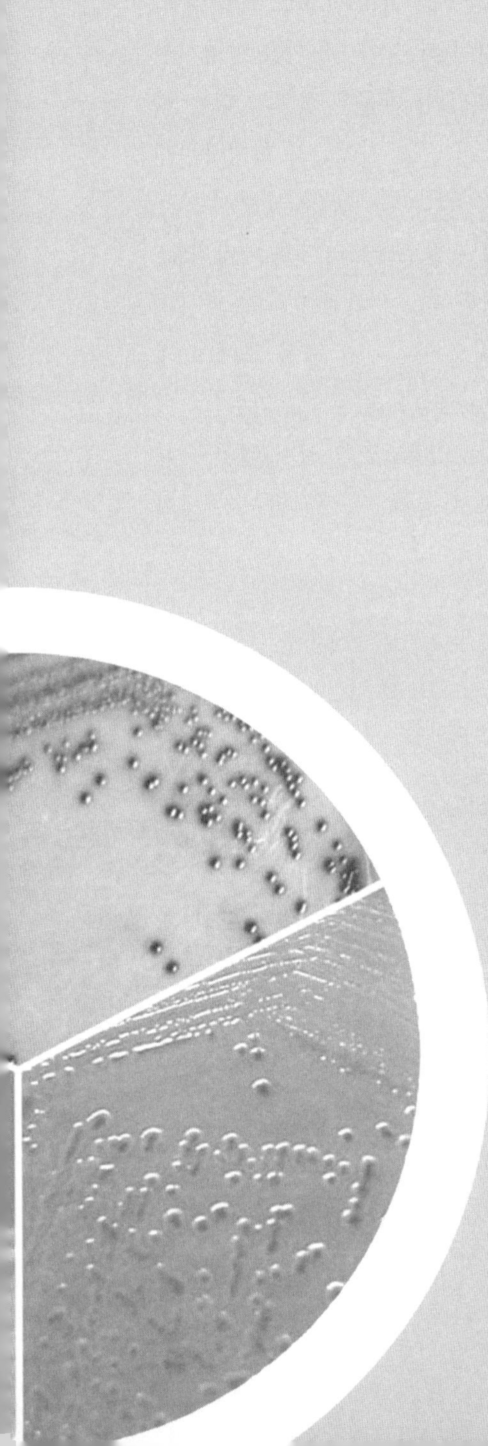

1. 일반 특성

클로스트리디움속에는 약 100여 종 이상의 균종이 있다. 클로스트리디움균종이 사람에게 미치는 영향이 큰 것은 이 균이 혐기성이고 내열성이 높은 내생포자를 만들어 음식을 상하게 하기 때문이다. 드문 경우이기는 하지만 통조림 안의 음식물을 부패시키기도 한다. 클로스트리디움속의 일부 균종들은 스틱랜드 반응(Stickland reaction)이라고 하는 한 종류의 아미노산을 전자수용체로 사용하여 다른 아미노산을 산화시키면서 ATP를 생산하는 아미노산 발효 능력을 가지고 있다. 이 반응은 산소가 없는 혐기적 상태에서 단백질을 분해하여 암모니아, 황화수소, 아민 및 지방산을 형성하는데 이때 단백질이 부패하면서 불쾌한 냄새가 난다.

클로스트리디움속 균종에서 질병을 야기하는 균으로는 클로스트리디움 테타니(*C. tetani*)가 파상풍균으로 알려지고 있고, 클로스트리디움 퍼프린젠스가 가스괴저와 식중독을 일으킨다. 클로스트리디움속에서 식중독을 일으키는 주요 균들 중에서 대표적인 균종은 클로스트리디움 퍼프린젠스(*C. perfringens*)다. 클로스트리디움 퍼프린젠스는 동정되기 전에는 클로스트리디움 웰치(*C. welchii*)로 알려져 있었으나, 1890년에 영국과 독일 그리고 프랑스에서 각각 처음으로 분리, 동정되면서 현재의 종명이 사용되었다.

2. 생리, 생화학적 특성

클로스트리디움균종 중에서 식품과 임상에서 50% 이상으로 주로 분리되는 균이 클로스트리디움 퍼프린젠스이다. 클로스트리디움 퍼프린젠스는 그람양성의 혐기성 세균으로 아포를 형성하며 형태적으로 간균이다. 건강한 사람과 동물의 소화기 내에서 그리고 토양, 하수 등에서 널리 존재하는 상재균이기도 하다. 클로스트리디움 퍼프린젠스의 감염 독성은 이 균이 갖고 있는 독소의 종류와 그 양의 비율에 따라서 A, B, C, D, E 등 다섯 종류의 독소형으로 분류할 수 있다. 이중에서 A형의 균이 대표적인 식중독의 원인균으로 알려지고 있다(C형 균도 일부 식중독을 일으키기도 한다). 혈청학적으로 Hobbs의 혈청군에 따라서 90종류 이상으로 분류되는데 식중독의 발생빈도는 장독소(enterotoxin) 또는 장염발현성과는 관련성이 적은 것으로 알려지고 있다.

〈표 7-1〉 클로스트리디움속 균종의 생화학적 특성

	Cpf	Cba	Cbi	Cs	Ca	Cc	Cpe	Csa
Lecithinase	+	+	+	+	+	−	±	+
Nagler test	+	+	+	+	−	−	−	−
Mobility	−	−	+	+	− (weak)	−	−	+ (weak)
Geleatin liquefaction	+	−	+	+	+ (44시간>)	−	−	+ (44시간>)
Nitrate reduction	+	+	−	−	+	+	+	+
Urase	−	−	−	±	·	·	·	·
Lactose	+	+	−	−	+	+	+	+
Raffinose	+	−	−	−	−	−	−	−
Salicin	−	+	−	−	+	+	±	+
Indole	−	−	−	+	·	·	·	·

Cpf, *C. perfringens*; Cba, *C. barati*; Cbi, *C. bifermentans*; Cs, *C. sordellii*; Ca, *C. absonum*; Cc, *C. celatum*; Cpe, *C. perenne*; Csa, *C. sardiniensis*

클로스트리디움 퍼프린젠스의 최적생장온도는 일반 세균보다 높은 43~47℃이고 세대기간(doubling time)은 10~12분으로 상당히 짧다. 최적 pH는 5.5~8.0이다. 클로스트리디움 퍼프린젠스의 아포는 내열성(endospore)으로 100℃에서 1~6시간 가열해도 사멸하지 않으며 균체의 끝부분에 난원형 형태로 생기는 특성이 있다. 클로스트리디움 퍼프린젠스는 협막이 있으며 포도당이 풍부한 배지에서는 짧은 간균의 형태로 증식하고 전분이 풍부한 배지에서는 간균의 형태가 길어지는 특성이 있다. 또한 아황산염이 함유된 배지에서는 아황산의 환원으로 검은색의 집락을 띠게 된다.

〈표 7-2〉 클로스트리디움 퍼프린젠스 최적 증식 조건

	증식 범위	최적 생장 조건
온도	10~48℃	43~45℃
pH	5.0~9.0	6~7.5
수분 활성(Aw)	0.94 >	0.98

3. 식중독

클로스트리디움 퍼프린젠스에 의한 식중독의 원인은 이 균이 갖고 있는 CRE(*C. perfringens* enterotoxin)로 알려진 이열성(heat-liable) 장독소에 기인한다. 하지만 이 장독소 자체는 열에 약해서 65℃에서 10분 정도 가열하면 파괴된다. 만일 클로스트리디움 퍼프린젠스에 오염된 음식을 섭취하게 되면 섭취 후 8~20시간(평균적으로 12시간 정도)의 잠복기가 지나서 중증도 이상의 심한 심와부동통(spigastric pain)이 생기면서 동시에 설사와 열 그리고 구토를 동반하게 된다. 하지만 일반적으로는 경증도 증상을 보이며 12~24시간이 지나면 회복된다. 일반적으로 설사형 바실러스 세레우스 식중독과 비슷한 증상을 보인다. 클로스트리디움 퍼프린젠스가 식중독의 원인균인지의 여부는 음식물이나 변에서 이 균이 분리되더라도 원인균으로 확정할 수는 없다. 일반적으로 음식물에서는 10^6/g 이상의 세균 수(CFU)가 존재해야만 병원균으로 추정할 수 있으며(급성 위장염을 일으키는 데는 약 10^8 이상의 균의 섭취가 필요하다), 대변에서도 대량의 세균이 있어야 하고, 또한 이 균이 장독소를 만드는 균인지를 확인해야만 식중독의 원인균으로 진단할 수가 있다.

4. 원인 식품

클로스트리디움 퍼프린젠스에 의한 식중독은 주로 학교 및 공공기관의 단체급식, 식당, 병원 등 다량의 음식 조리가 이뤄지는 장소에서 많이 발생한다. 원인 식품은 식육을 사용한 조리식품인 국류, 수프류, 카레와 어패류를 이용한 조리식품 등 가열조리식품으로 인한 사례가 많다. 특히, 가열조리 한 후 실온에 5시간 이상 방치된 식품이 주요 원인 식품일 가능성이 높다고 알려져 있다.

5. 예방과 대책

클로스트리디움 퍼프린젠스는 이 균 자체가 자연계에 널리 분포함으로써 식품의 원재료를 오염시킬 가능성이 많이 있다. 이 균에 의한 식중독은 동물성 육고기와 어패류를 원재료로 가열조리 한 식품을 장기간 보관 혹은 방치하거나 적당하지 않은 냉각 또는 재가열을 하지 않고 섭취할 때 발병하는 특징을 갖는다.

일반적인 가열에 의한 조리법으로는 이 균의 내성 포자를 사멸시키기 어려우며 오히려 내생포자의 발아를 촉진하여 증식을 유도할 수 있다. 따라서 가열조리 된 식품은 얕은 용기에 넣어서 신속히 냉각시킨 후 냉장고에 넣어 보관해야 하며 뚜껑이 있는 용기라도 실온에 보관해서는 안 된다. 결국, 균이 발육하기 어려운 온도에 보관하는 것과 보관시간을 짧게 해서 가능한 빨리 섭취하는 것이 실생활에서 클로스트리디움 퍼프린젠스에 의한 식중독을 예방할 수 있는 방안이 된다.

6. 클로스트리디움 퍼프린젠스 시험법

국내 클로스트리디움 퍼프린젠스 검출 방법에 대한 식품공전 미생물 시험법, 축산물공전 미생물 시험법, 질병관리본부 병원체 실험실 진단법을 소개하고자 한다.

6-1. 식품공전 Clostridium perfringens 시험법

1) 정성 시험법

(1) 증균배양

시험용액 1mL를 cooked meat 배지의 아랫부분에 접종하여 35~37℃에서 18~24시간 동안 혐기배양 한다.

Cooked meat medium	
Beef heart	500g
Peptone	10g
Glucose	2g
Sodium chloride	5g

위의 성분을 증류수 1,000mL에 녹여 pH 7.2±0.2로 조정한 후 121℃에서 15분간 멸균한다.

(2) 분리배양

카나마이신을 200μg/mL의 농도로 첨가한 난황첨가 *Clostridium perfringens* 한천배지 또는 TSC 한천배지에 증균배양액을 접종하여 35~37℃에서 18~24시간 혐기배양 한 결과, *Clostridium perfringens* 한천배지에서 직경 2mm 정도의 약간 돌기된 유황색으로 주변에 불투명한 백색환이 있는 집락 또는 TSC 한천배지에서 불투명한 환을 가지는 황회색 집락에 대해 확인 시험을 실시한다.

CW 한천평판배지

Heart infusion	5g
Casein peptone	10g
Proteose peptone	10g
Sodium chloride	5g
Lactose	10g
Phenol red	50mg
Agar	20g

위의 성분을 증류수 1,000mL에 녹여 pH 7.5~7.7로 조정하고 121℃에서 15분간 멸균한 후 배지를 50℃ 정도로 식혀 난황액(난황에 동량의 멸균생리식염수를 가한 것)을 10%가 되도록 첨가한다.

카나마이신(Kanamycin)

1955년에 토양 속의 방선균(*Streptomyces kanamyceticus*)에서 처음으로 분리, 명명된 항생 물질. 이 항상제는 30S 리보좀 소단위 상에서 RNA 자리 이동을 억제하거나 RNA의 유전정보를 틀리게 읽게 하여 단백질의 합성을 억제하는 기전을 갖는 아미노글리코사이드계 항생 물질이다. 포도상구균, 폐렴 쌍구균, 임균, 적리균, 대장균, 장티푸스균, 디프테리아균과 결핵균 등 그람음성세균성 질환을 치료하는 데에 효과가 인정되지만 귀먹음, 신장 손상, 균형감각 상실, 메스꺼움, 알레르기 반응 등의 부작용이 보고되고 있다.

(3) 확인 시험

분리배양 된 평판배지 상의 집락을 보통한천배지에 옮겨 35~37℃에서 18~24시간 혐기배양 한 후 그람염색을 실시한다. 또 동시에 보통한천배지를 35~37℃에서

18~24시간 호기배양 하여 균의 비발육을 확인한다. 그람양성간균으로 확인된 집락은 glucose, lactose, inositol, raffinose를 1% 가한 4종의 GAM 배지에 옮겨 35~37℃에서 3일간 배양 후 BTB-MR 지시약을 가해서 붉은색으로 변하는 것을 양성으로 판정한다. 운동성은 GAM 배지에서 35~37℃에서 1~2일간 배양하여 운동성 유무를 관찰한다. Glucose, lactose, inositol과 raffinose를 분해하며 운동성이 없는 것을 확인하면 lecithinase 억제 시험을 실시한다. 난황이 포함된 TSC 한천배지에 접종하여 35~37℃에서 24시간 혐기배양 한 후 2~4mm의 불투명한 환을 가지는 황회색 집락을 양성으로 판정한다.

보통한천배지(Nutrient agar)

보통배지 1,000mL에 정제된 한천을 15g 첨가하여 가열 용해하고 증류수량을 보정한다. pH 6.8±0.2로 조정한 다음 121℃에서 15분간 멸균한다.

GAM 당분해용 반유동배지

Peptone	10g
Soytone	3g
Proteose peptone	10g
Bovin serum albumin	13.5g
Yeast extract	5g
Beef extract	2.2g
Potassium phosphate, monobasic	2.5g
Liver	1.2g
Sodium chloride	3g
L-cystein	0.3g
Sodium thioglychollate	0.3g
Agar	1.5g
Sugar	10g

위의 성분을 증류수 1,000mL에 가온 용해 후 당을 가해서 작은 시험관에 분주하고 110~115℃에서 15분간 멸균 후 급랭시킨다.

TSC 한천배지(Tryptose-Sulfite-Cycloserine agar)

Tryptose	15g
Yeast extract	5g
Soytone	5g
Ferric ammonium citrate	1g
Sodium metabisulfite	1g
Agar	20g

위의 성분에 증류수 900mL를 가하여 용해한 후 pH를 7.6±0.2로 조정한다. 이를 500mL flask에 250mL씩 분주한 후 121℃에서 15분간 멸균한다. D-cycloserine solution: D-cycloserine 1g을 200mL의 증류수로 용해한 후 여과멸균 하고 사용할 때까지 4℃로 보관한다.

Final medium: 250mL base에 D-cycloserine 용액 20mL를 넣은 후 CW 한천평판배지 조제 방법과 같이 난황액을 넣고 분주한다.

2) 정량 시험법

(1) 균 수 측정

시료 25g 또는 25mL를 취하여 225mL의 희석액을 가한 후 1~2분간 저속으로 균질화한 다음 10배 단계 희석액을 만든다. 시험용액 및 단계별 희석액 1mL씩을 멸균 페트리접시 2매 이상씩에 무균적으로 첨가하고 43~45℃로 유지한 TSC 한천배지 10~15mL를 가하여 좌우로 돌리면서 잘 혼합한 후 응고시킨다. 응고된 배지 위에 다시 동일한 배지 10mL를 가하여 중첩시킨 후 35~37℃에서 24±2시간 혐기배양 한다. 150개 이하의 전형적인 검은색 집락이 확인된 평판을 선별하여 각 집락수를 계수한다.

(2) 확인 시험

계수한 평판에서 5개 이상의 전형적인 집락을 선택하여 보통한천배지에 접종하고 35~37℃에서 18~24시간 혐기배양 한 후 정성 시험법 중 확인 시험을 실시한다.

(3) 균 수 계산(정성 시험)

확인동정 된 균 수에 희석배수를 곱하여 계산한다. 예로 10^{-4}에서 85개의 전형적인 집락이 계수되었고, 이 중 5개의 집락을 확인한 결과 4개의 집락이 클로스트리디움 퍼프린젠스로 동정되었을 경우 85 × (4/5) × 10,000 = 680,000으로 계산한다.

6-2. 축산물공전 *Clostridium perfringens* 시험법

1) 균 수 측정

시료 중 클로스트리디움균(*C. perfringens*)의 균 수를 측정하고자 할 경우는 시료를 70℃에서 20분간 처리한 다음, *Clostridium perfringens* agar에서 35℃로 48시간 배양하여 균 수를 측정한다. 무균적으로 시료를 0.1% 펩톤수를 사용하여 10^{-1}부터 10^{-5}까지 공기 유압이 적게 잘 희석한다. *Clostridium perfringens* agar 배지 6~7mL씩을 페트리접시에 붓고 굳힌 후 희석한 시료 1mL를 배지 표면에 골고루 분산시킨다. 이때 1개의 희석 배율에 대해 2개의 페트리접시를 사용한다. 다시 15 mL의 *Clostridium perfringens* agar(45~46℃)를 중층한다. 배지가 굳은 후 페트리접시를 뒤집지 말고 혐기배양기 내에 넣는다. Gas pack을 사용할 때는 밀봉 후 37℃ 항온기에서 24시간 배양하며, 이때 혐기배양기 내의 혐기 상태를 알기 위해 methylene blue 용액을 넣어 탈색이 되는가를 확인한다. 배양 후 집락을 계산하고 이 중 5~10개의 집락을 확정 검사(confirmatory test)를 위해 fluid thioglycollate medium에 각각 접종한 후 37℃의 일반 인큐베이터에서 20시간 배양한 다음 그람양성 간균임을 확인한다.

2) 균 분리 시험

(1) 증균배양

검사시료액 25mL(g)를 225mL의 cooked meat medium의 배지 아랫부분에 접종하여 35℃에서 18~24시간 혐기배양 한다.

(2) 분리배양

증균된 균액을 *Clostridium perfringens* agar에 도말하여 37℃에서 18~24시간 혐기배양 한다.

(3) 확인 시험

의심되는 집락에 대해 그람염색, lecithinase test, lactose 이용능 등을 검사하고 키트를 이용하여 toxin type을 확인한다. *C. perfringens*는 EY-free TSC agar에서 H_2S를 생성하여 흑색을 나타내며, 유당으로부터 가스와 산을 생성하고, 짧고 굵은 아포 형성의 그람양성간균이다. 이러한 균에 대해 lactose gelatine medium, motility-nitrate(MN) agar 등의 배지에 접종하여 37℃ 일반 인큐베이터에서 20시간 배양한다. *C. perfringens*는 비운동성균으로 접종한 곳에서만 자라며, gelatin의 액화는 44시간 내에 일어나며, nitrate 환원 능력이 있다.

6-3. 질병관리본부 감염병 실험실 진단 시험법(*Clostridium perfringens*)

1) 배양 검사

(1) 증균배양

시험용액의 조제에 의해 만들어진 검액 1mL를 cooked meat medium의 배지 아랫부분에 접종하여 37℃에서 18~24시간 혐기배양 한다.

일부는 병원체 검출을 높이기 위하여 포자 선별 시험을 하는데 대변이나 기타 검체 1mL를 멸균 시험관에 넣고 여기에 무수 알코올 또는 95% 알코올을 첨가한다. 실온에서 가볍게 1시간 동안 혼합해 준다.

이 검체를 chopped-meat-glucose 배지(또는 chopped-meat-glucose-starch 배지), anaerobe blood agar 또는 egg yolk agar에 접종한다.

2) 분리동정

*C. perfringens*의 분리동정은 일반적으로 그람염색성, 포자염색, 운동성, nitrate

환원 시험 등에 의한 시험으로 추정 동정한다.

(1) 예비동정 시험

의심되는 집락을 trytic soy agar, heart infusion agar, 혈액한천배지 등 평판배지에 접종하여 37℃에서 18~24시간 혐기배양 한 후 그람염색을 실시한다. 또 동시에 보통한천배지를 37℃에서 18~24시간 호기배양 하여 균의 비발육을 확인한다. 그람양성간균으로 확인된 집락은 glucose, lactose, inositol, raffinose를 1% 가한 4종의 GAM 당분해용 반유동배지에 옮겨 37℃에서 3일간 배양 후 BTM-MR 지시약을 가해서 붉은색으로 변하는 것을 양성으로 판정한다. 운동성은 GAM 당분해용 반유동배지에서 37℃로 1~2일간 배양하여 운동성의 유무를 관찰한다. glucose, lactose, inositol과 raffinose를 분해하고 운동성이 없는 것이 확인되면 lecithinase 억제 시험을 실시한다. 난황이 포함된 TSC 한천배지에 접종하여 35℃에서 24시간 혐기배양한 후 2~4mm의 불투명한 환을 가지는 황회색 집락을 양성으로 판정한다.

(2) 확인동정 시험

*C. perfringens*와 함께 sulphite를 환원하는 *Clostridium* 종들은 모두 lecithinase를 생성하며, lecithinase activity에 의해서 생성된 흑색 집락은 *C. perfringens*로 의심되므로 확인 시험이 필요하다.

① 순수분리 된 균을 lactose-gelatin 배지에 2~3회 충분한 양의 균을 첨자 접종한 후 35℃에서 24시간 배양한다. 가스 생성 여부를 확인하기 위해서 붉은색에서 노란색으로 변했는지(lactose 양성) 관찰한 후, 4℃ 냉장고에 1시간 정도 시험관을 두고 꺼내어 젤라틴 액화 반응을 관찰한다. 시험관을 기울였을 때 액체가 생기면 젤라틴 양성이다. 만약 배지가 음성이면 24시간 더 배양한다.

② 순수분리 된 균을 motility-nitrate 배지에 첨자 접종한 후 35℃에서 24시간 배양하여 운동성을 관찰한다. Nitrate 환원 검출시약(A; 0.5mL, B; 0.2mL)을 시험관에 떨어뜨려 보라색을 나타내면 nitrate 환원 양성 반응이며, 색깔 반응이 없으면 아연가루를 첨가한다. 아연가루를 첨가한 후 아무 반응이 없으면 nitrate가 완전히

환원되었으며(양성이며), 색깔이 나타나면 nitrate 환원 능력이 없는 음성 반응이다.

③ Nagler 시험

i) 난황한천배지에서 실시한다. *C. perfringens* A형 균의 중요한 독소는 α독소라 불리는 lecithinase C이다. 이 균이 난황한천배지에 발육하면 난황의 lecithin을 분해하여 집락 주변이 혼탁해진다. 이 반응을 lecithinase 반응, nagler 반응 또는 lecithovitellin 반응이라 한다.

ii) lecithinase activity를 중화시키는 *C. perfringens* type A antitoxin은 매우 유용하지만, 양성 결과가 반드시 *C. perfringens*만을 의미하진 않는다. *C. perfringens*, *C. sordellii*, *C. barati* 역시 양성 결과를 나타내기 때문이다.

④ Reversed CAMP 시험

Nagler 시험의 대체 방법으로 *C. perfringens*에 대해서만 특정한 반응을 보이므로 매우 효과적인 방법이다. 94.2%의 *C. perfringens*를 분리한다. 운동성, lactose 발효, 젤라틴 액화, nitrate 환원 시험을 조합하면 89.2%로 *C. perfringens*를 감별할 수 있으며, lactose sulphite(LS) 배지는 43.1%로 *C. perfringens*를 감별할 수 있다.

i) 시험방법은 columbia 혈액한천배지에 *Streptococcus agalactiae*의 순수한 배양균을, 백금을 사용하여 플레이트에 세로로 한 줄 그어 접종한다.

ii) 의심되는 *C. perfringens* 배양균을 *Streptococcus agalactiae*에 닿지 않도록 수평으로 한 줄을 그어 접종한 다음 37℃에서 24시간 동안 혐기배양 한다. 양성일 경우, *Streptococcus agalactiae*와 *C. perfringens*가 교차되는 지점에 화살표 모양의 용혈이 나타난다.

3) 장독소 생성능 시험

(1) 포자 형성과 장독소 생성을 위한 배양 과정

만약 분리균으로 즉시 포자 형성과 장독소 생성 과정을 실험하려면, thioglycollate broth에 접종한다. 보존하거나 다른 시험을 위해 다른 실험실에 보내려는 균주는 cooked meat 배지에 접종하여 35℃에서 24시간 배양한 후 실온에서 24시간 추가 배양한다. 포자 형성과 장독소 생성 및 계대배양을 위해, cooked meat 배양물을 진탕기로 혼합한 후 열 중탕 처리한 thioglycollate 배지 10mL에(2개의 시험관) 각각 0.5mL씩 접종한다. 1개의 시험관을 75℃에서 10분간 물중탕하고 35℃에서 18시간 배양한다. 나머지 시험관은 35℃에서 4시간 배양한 액을 수정 AE sporulation 배지에 접종한다. 최적의 결과를 위하여 thioglycollate 배지에서 4시간 배양한 액 0.75mL을 취하여 수정 AE 포자형성배지 혹은 ducan-strong 포자형성배지 15mL에 접종한다. 접종한 포자형성배지를 혐기성배양기나 보통 배양기에 18~24시간 35℃에서 배양한 다음, 위상차 현미경이나 염색 관찰로 배양액의 포자 생성을 확인한다(현미경 시야당 5개 이하이면 좋은 포자 형성이 아님). 포자가 형성된 배양액을 10,000xg에서 15분 간 원심분리 하여 상등액을 RPLA 시험 키트에 사용한다.

(2) 장독소 생성 RPLA법

RPLA법은 분변이나 배양여지(culture filtrate)에서 *C. perfringens* 장독소를 검출하는 방법으로, 식중독을 일으키는 *C. perfringens* enterotoxin type A를 검출하기 위해 사용된다. 이 시험법은 분변에서 24시간 내에 *C. perfringens* enterotoxin type A의 검출이 가능하며 비교적 실험이 간단하고 판독이 용이하다.

① 장독소 추출

분변에서 장독소 추출은 동량의 분변과 PBS를 취하여 균질화하고 시료는 원심분리나 여과로 추출한다.

배양액에서의 장독소 추출은 cooked meat 배지에서 35℃, 18~20시간 배양한 후 영양세포는 75℃에서 20분간 불활성화시키고, 남아 있는 포자는 37℃, 24시간 더 배양하여 장독소 생성을 유도한다. 배양 후 시료는 원심분리나 여과로 추출한다.

② **분석 방법**

i) V-웰 미량 측정 플레이트를 사용하여 2줄의 각 웰에 25㎕의 희석액을 첨가한다(각 줄의 첫 번째 웰에는 첨가하지 않음).

ii) 각 줄의 첫 번째와 두 번째 웰에 25㎕의 검체를 첨가한 후, 두 번째 웰에서 25㎕를 취하고 각각의 줄에 2배 희석을 수행한다(7번째 웰까지만 수행하고, 8번째 웰은 희석액만 첨가한다).

iii) 첫 번째 줄의 각 웰에 감작된 라텍스 25㎕를 첨가하고, 두 번째 줄의 각 웰에는 대조 라텍스 25㎕를 첨가한다.

iv) 각 웰의 혼합액이 잘 섞이도록 플레이트를 손이나 미세 혼합기로 흔들어 준 다음 플레이트를 덮고, 상온에서 20~24시간 반응시킨 후 각 웰의 응집을 관찰한다(응집 관찰 시 배경은 검은색으로 한다). 만약 독소가 있다면 반응이 일어나고 레티즈 구조를 형성한다.

4) *C. perfringens*의 혐기성 배양

혐기성 세균이므로 배양은 혐기성 상태를 유지해야 한다. 혐기성 배양은 혐기성 용기(anaerobic jar 2.5L용, 3.5L용 크기의 용기가 시판되고 있음)에 혐기성 가스 촉진제(AnaeroGen 2.5L용, 3.5L용 크기에 맞게 혐기성 촉진제)를 사용하는 방법이 있으며, 여기서는 실험실에서 손쉽게 사용할 수 있는 혐기성 용기 사용법을 간략하게 소개하고자 한다.

① 균을 접종한 배지를 적당한 크기의 혐기성 용기에 넣는다.

② 혐기성 용기 용량에 맞는 혐기성 가스촉진제(AnaeroGen, Oxoid) 팩을 찢어서 넣고 용기 뚜껑을 닫고 배양기에 배양한다.

5) *C. perfringens*의 PCR 검출 방법

(1) 집락을 이용한 PCR 방법

① 세균의 집락을 이쑤시개로 미량 찍어 0.1mL의 증류수에 현탁한 후 그 액을 15분간 끓는 물에 중탕한 다음 14,000rpm에서 2분간 원심분리 하여 얻은 상층액을 PCR 주형으로 사용한다.

② PCR에 사용하는 α-toxin 유전자와 primer 염기서열은 〈표 7-3〉과 같으며 247bp의 PCR 산물을 얻을 수 있다. PCR 조건은 다음과 같다.

반응조건은 95℃에서 5분간 방치하여 최초의 변성을 일어나게 한 후, 95℃에서 30초간 변성시키고, 50℃에서 30초간 primer를 결합시키며, 72℃에서 30초간 증폭반응이 일어나도록 하는 것을 1회로 하여, 30회를 반응시킨다. 30회 반응이 이루어진 후 72℃로 10분간 연장반응을 시키고 4℃에서 보존한다.

③ 내독소 유전자와 primer 염기서열은 〈표 7-3〉과 같으며, 435bp의 PCR 산물을 얻을 수 있고, PCR 조건은 다음과 같다.

반응 조건은 95℃에서 5분간 방치하여 최초의 변성을 일어나게 한 후, 95℃에서 30초간 변성시키고, 50℃에서 30초간 primer를 결합시키며, 72℃에서 1분간 증폭반응이 일어나도록 하는 것을 1회로 하여, 30회를 반응시킨다. 30회 반응이 이루어진 후 72℃로 10분간 연장 반응을 시키고 4℃에서 보존한다.

〈표 7-3〉 PCR에 사용되는 primer 염기서열

표적유전자	Primer	염기서열(5′→3′)	산물 크기 (bp)
alpha toxin	CPA-F	TGC TAA TGT TAC TGC CGT TGA TAG	247
	CPA-R	ATA ATC CCA ATC ATC CCA ACT ATG	
enterotoxin	CPE-F	ATC CAA TGG TGT TCG AAA AT	435
	CPE-R	ATT TCC TAA GCT ATC TGC AG	

VIII

리스테리아 모노사이토제네스

1. 일반 특성

1983년에 음식물에 의해서 감염될 수 있다는 것이 밝혀진 리스테리아는 공중 보건에 있어서 중요한 세균이다. 리스테리아 모노사이토제네스(흔히 리스테리아로 불림, *Listeria monocytogenes*)는 1920년에 Murray와 Pirie에 의해서 동시에 연구가 진행되면서 이 균에 의해 임산부, 신생아, 노인 및 면역 능력이 저하된 환자들이 주로 감염되어 신경성 질환과 사산이 유발될 수 있음이 확인되었다. 리스테리아가 공중 보건에서 중요한 세균이 되는 것은 이 세균이 식품으로부터 전파되어 전염(식품으로부터 전파되는 성질을 foodborne이라고 한다)되는 특성 때문이다. 이 세균에 의한 감염은 패혈증, 신경계로의 감염, 낙태 등의 원인이 되고 있으나 적절한 항생제 요법으로 쉽게 치료가 가능하다. 리스테리아는 식품과 다양한 자연 환경에서 자주 발견되는 세균으로 형태적 특징은 작은 막대 모양의 간균이며 섬모를 갖고 있어 운동 능력이 있다.

패(균)혈증

패혈증(sepsis)은 몸속에 들어온 세균이 혈액 안에서 증식하는 감염 질환을 말한다. 세균 오염에 의한 패혈증은 일차적으로 오염된 주삿바늘이다. 오염된 주삿바늘을 통해 다량의 세균이 혈관 속으로 단번에 직접 들어오면 패혈증에 걸릴 위험이 크다. 패혈증에 걸리면 38도 이상의 고열이 발생하거나 반대로 36도 아래까지 떨어지면서 오한으로 몸을 격렬히 떨기도 한다. 손발이 차게 식고 얼굴이 창백해지면서 현기증을 일으켜 쇼크로 의식을 잃는 경우도 있다. 만일 치료시기를 놓치면 혈액으로 침입한 세균이 독소를 생성시켜 혈압이 떨어지거나 신체 조직의 괴사가 일어난다. 치료는 정맥주사로 항생제를 처방하고 혈액 검사를 통해서 원인균을 파악한다. 패혈증은 조기에 원인균을 발견하면 대부분 쉽게 완치가 가능하다.

2. 분류

리스테리아의 분류학적 위치는 세균계 Firmicutes문 Bacilli강 Bacillales목 Listeriaceae과 *Listeria*속 *monocytogenes*종이다.

이 세균은 *Streptococcus, Stalphylococcus, Lactobacillus, Bronchothrix* 등과 함께 *Clostridium*속에 포함되며 중요한 특징은 DNA의 구성 성분인 4종의 염기 중 G+C 함량이 약 40% 정도로 낮다는 것이다. 이들 균은 크게 *L. monocytogenes, L. innocua, L. ivanovii, L. seeligeri, L. welshimeri*의 그룹과 *L. grayi* 그룹 등 두 개의 그룹이 DNA-DNA hybridization(혼성화), multilocus(다중유전자좌) 효소 분석법, 16S rRNA 염기서열 분석에 의해서 분자 계통학적으로 분류되고 있다. Bergy manual에는 리스테리아가 *Lactobacillus, Erysipelothrix* 등과 함께 그람양성간균에 포함되어 있다.

3. 생리, 생화학적 특징

리스테리아균종의 동정은 다양한 생리, 생화학적 특성에 기반하여 구별이 가능한데, 그 중에서 β-용혈 반응과 아크릴아미데이즈 효소의 존재 여부는 리스테리아속에서 특히 *L. monocytogenes*와 *L. innocua*의 구별에 사용된다. 이때 β-용혈 특성은 *Streptococcus agalactiae*의 집락 특성과 유사하기 때문에 혈액, 척수액, 여성 생식기 등에서의 집락 발생은 그람염색을 통해서 구별해야 한다. *L. monocytogenes*는 10~20%의 NaCl을 함유하는 일반한천배지에서 30~42℃의 혐기적 조건에서 증식이 잘 된다. 이 균종은 통성혐기성이며 몇 종류의 균주를 제외하면 대부분 catalase에 대한 양성 반응을 보이며 oxidase 시험에서는 음성 반응을 보인다.

〈표 8-1〉 리스테리아 모노사이토제네스 최적 증식 조건

	증식 범위	최적 생장 조건
온도	0~45℃	30~35℃
pH	5.6~9.6	7.0
수분 활성(Aw)	0.92 >	0.99

리스테리아 용혈 반응

리스테리아균종 중에서 *L. monocytogenes*, *L. ivanovii* 및 *L. seeligeri* 등 3종만이 대부분의 포유 동물의 적혈구를 용해시킬 수 있는 용혈 특성을 보인다. *L. monocytogenes*의 용혈환은 상대적으로 좁고 집락의 가장자리에서 크게 확장되지 못해 *Streptococcus agalactiae*의 용혈환과 거의 유사한 모양을 보인다. 리스테리아균종 중에서 용혈환이 가장 큰 것은 *L. ivanovii*이며 *L. seeligeri*의 용혈환은 상대적으로 가장 좁다. *L. monocytogenes*와 *S. agalactiae*의 용혈환을 통한 구분이 정확하지 않기 때문에 *S. agalactiae*의 동정에 일반적으로 적용되는 CAMP(Christie, Atkins, Munch-Petersen) 시험법을 통해서 이 두 종의 구분과 함께 다른 리스테리아균종의 감별에 유용하게 사용된다.

CAMP 시험법

Christie, Atkins 및 Munch-Petersen에 의해서 최초로 개발된 시험법으로 *S. agalactiae*가 만드는 CAMP 인자가 *S. aureus*의 β-toxin과의 상승(복합)작용으로 포유동물의 적혈구 용해를 촉진하여 화살촉과 같은 모양의 투명대를 생성하는 것(CAMP 양성)을 보는 감별 방법이다.

리스테리아균종을 동정하는 데 있어서 L-rhamnose, D-xylose, α-methyl-D-mannoside, D-mannitol을 기질로 이용하는 생화학적 반응을 통해서 산 생성 여부를 확인하는 방법이 주로 이용되고 있으며 용혈 반응의 여부는 *L. monocytogenes*와 *Listeria innocua*를 구별하는 데 주로 적용된다.

〈표 8-2〉 *L. monocytogenes*의 생화학적 시험 특성

시험 조건		양성 반응(%)
Glucose 발효		0
β-용혈 반응		98
산 생성	Maltose	92
	Glucose	97
	Xylose	0
	Sucrose	12
	Mannitol	0
	Lactose	69
Catalase		99

Oxidase	0
Simmons citrate	0
Urease	0
Nitrate 환원성	0
Indole	0
Metyl red	100
Voges-Proskauer	100
Esculin 가수분해	100

4. 감염경로(주요 서식처와 발생)

리스테리아는 토양, 물, 하수, 목초, 식물 및 인축의 분변에서 광범위하게 발견되고 있다. 따라서 인간과 동물은 이 균의 자연스러운 전염 대상이 된다. 식품과 채소의 경우에는 물, 거름 및 토양으로부터 리스테리아가 오염될 수 있다. 따라서 잘 관리되는 농장이라도 리스테리아의 감염은 다양한 경로로 발생되기 때문에 채소 및 육류 그리고 유제품은 오염될 수 있다. 결국, 리스테리아균종은 환경에 산재하고 있으며 이들 대부분은 다양한 식품에 존재할 수 있다. 다음은 리스테리아가 주로 발생되는 식품의 특성이다.

4-1. 리스테리아균은 치즈의 제조와 숙성 과정에서 생존할 수 있다. 특히 부드럽고 흰 치즈와 약산성의 유제품에서 주로 발생한다. 또한, 리스테리아는 생우유, 생크림, 저온 살균 우유, 버터 및 아이스크림에서도 분리된다.

4-2. 리스테리아균은 육가공품과 육류에서 pH에 의존하여 증식한다. 이때의 pH는 약산성인 6.0 전후이다. 하지만 pH 5.0 이하의 육류에서는 증식이 확인되지 않는다.

4-3. 리스테리아균은 다른 균들과 달리 상대적으로 높은 건조한 환경에서도 증식이 가능하며 소시지와 햄 등 진공 포장된 육가공품에서도 종종 분리된다.

4-4. 리스테리아균은 냉장된 달걀과 조리된 달걀에서도 증식이 잘 되며, 특히

닭은 12~60% 범위의 높은 오염률을 보인다.

4-5. 다양한 종류의 채소에서 리스테리아균종이 오염되어 있으며 특히 무와 감자는 오염이 잘 되는 채소로 분류되고 있다. 해산물의 경우에는 동결된 해산물, 훈제 연어 등에서도 종종 오염이 확인되고 있다.

4-6. 조리된 냉동 즉석 식품에서 리스테리아균종의 오염은 특별히 관심을 가져야 한다. 지난 수년간 리스테리아균종에 대한 많은 연구에도 불구하고 최소 감염 농도는 여전히 알려지지 않고 있다. 따라서 가장 많이 섭취되는 조리된 냉동 즉석 식품의 제조와 보관 과정에서 엄격한 관리로 리스테리아균종의 오염을 철저히 관리해야 한다.

5. 혈청형

세균의 세포막을 구성하는 당단백질의 종류와 형태에 따라서 구별되는 혈청형 중에서 리스테리아는 5종류의 이열성 편모 항원과 14가지의 내열성 균체 항원의 종류에 따라서 구별하며, *L. monocytogenes*는 1/2a, 1/2b, 1/2c, 3a, 3b, 3c, 4a, 4ab, 4b, 4c, 4d, 4e, 7 등 13종류의 항혈청이 보고되고 있으나, *L. innocua*, *L. seeligeri*, *L. welshimeri*와 혈청형 항원을 공유하므로 이들 혈청형으로 *L. monocytogenes*만을 동정하는 것은 어렵다. 일반적으로 감염을 일으키는 혈청형은 1/2a, 1/2b, 4b로 알려지고 있다〈표 8-3〉.

〈표 8-3〉 리스테리아균종의 혈청형

	L. monocytogenes	*L. grayi*	*L. innocua*	*L. ivanovii*	*L. seeligeri*	*L. welshimeri*
혈청형	1/2a, 1/2b, 1/2c, 3a, 3b, 3c, 4a, 4ab, 4b, 4d, 4e, 7	S	4ab, US, 6a, 6b	5	1/2a, 1/2b, 1/2c, US, 4b, 4d, 6b	1/2b, 4c, 6a, 6b, US

6. 감염증

리스테리아속에는 100여 종이 있지만 현재까지의 연구로 볼 때 리스테리아병을 일으키는 세균으로는 *L. monocytogenes*만이 알려져 있다. 이 균은 식품과 자연 환경 등에서 자주 발견되는 세균으로 드물지만 특히 임신부, 노인 또는 면역계가 약한 사람에게는 기회 감염증인 리스테리아증(Listeriosis)이라고 불리는 심각한 기회 감염성 질환을 유발하며 심할 경우에는 환자의 뇌 감염과 사망까지 초래할 수 있다.

리스테리아증(Listeriosis)

진정세균목(Eubacteriales)의 세균인 리스테리아 모노사이토제네스(*Listeria monocytogenes*)가 일으키는 신경계 질병으로 회선병이라고도 한다. 리스테리아증은 최소한 26종의 조류와 인간을 비롯한 포유류에서 나타나는 것으로 보고되고 있다. 일반적으로 야생동물이 사람이나 가축에게 이 병을 옮기는 보균자로 작용하기도 한다. 토끼나 닭 등 작은 동물들에서는 패혈증이 일어나고 간이나 심장근육에 농양이 생기기도 한다. 사람이나 반추동물(예를 들어 양)에서는 세균이 뇌와 뇌막에 염증을 일으키는 수막염에 걸릴 수도 있다. 동물의 치사율은 거의 100%로 알려지고 있으며 사람의 경우 테트라사이클린 같은 항생제가 치료에 유용하게 사용되고 있다. 영아 패혈성 육아종증(granulomatosis infantiseptica)이라는 형태의 리스테리아증은 임신부의 자궁 내 감염에 의해서 발생되는 것으로 태아 또는 신생아의 사망률이 높다.

7. 식중독

리스테리아는 대부분의 세균과 달리 냉장 즉, 저온 보관된 식품에서도 증식이 잘 되는 생존력이 높은 세균이며 특히 리스테리아에 오염된 식품은 맛, 냄새 및 외형이 정상적이라는 데에서 식품 섭취를 조기에 통제하기 어렵다. 따라서 적절한 조리방법을 통해서 섭취 전에 사멸시켜야 한다. 리스테리아는 식중독을 일으킬 수 있는 다른 세균보다 높은 사망률을 갖고 있는 것으로 보고되고 있는데 이것은 리스테리아 감염자의 20~30% 정도가 환자에 의한 기회 감염이기 때문이다. 리스테리아 식중독은 통상적으로 심하게 오염된 식품을 섭취한 후에는 24시간 이내에 발생하지만 90일 이상 잠복기를 가진 후 식중독이 발생하는 경우도 있다. 리스테리아 감염과 관련한 질환은 약물(항생제)처리에 의해서 효과적으로 치료할 수 있지만 고위험군에 속하는 사람에서는 감염 초기의 정확한 진단이 치료하는 데 있어서 중요하다. 현재 리스테리아 감염 질환을 예방할 수 있는 백신은 개발되어 있지 않다.

〈표 8-4〉 고위험 대상별 감염 특성

감염 대상	감염 특성
임산부, 태아/신생아	임산부는 건강한 성인보다 약 20배 이상 리스테리아에 감염될 수 있다. 임신 첫 3개월 이내에 리스테리아증에 걸리면 유산 가능성이 높다. 임산부는 유산 전 2주 이상 근육통 및 관절통, 오한, 피로, 두통이 수반되는 감기 증세를 경험할 수 있다. 임신 후반기에는 사산이나 급성 질환을 갖는 아이가 출생할 수 있다.
노인	나이가 들수록 감염 위험이 증가한다.
면역계가 약한 사람	골수 이식 환자, 당뇨병, 화학요법을 하고 있는 환자, AIDS에 걸린 사람은 높은 감염 그룹이다. AIDS에 걸린 사람은 정상인보다 300배 이상 리스테리아에 감염될 수 있다.

8. 치료

일반적으로 리스테리아균은 체내의 대식세포에 주로 기생하여 질병을 유발하기 때문에 항생제가 세포 내로 침투되어야 치료 효과를 거둘 수 있다. 따라서 여타의 항생제 처방에 의한 치료보다 어려운 점이 있다. 통상적으로 리스테리아는 페니실린, 젠타마이신, 에리스로마이신, 테트라사이클린 리팜피신, 코트리목사졸, 클로람페니콜 등의 항생제에 감수성이 높은 것으로 알려지고 있지만 실제 치료에 있어서는 페니실린, 앰피실린, 아미노글리코사이드를 단독 혹은 복합 투약한다. 또한, 페니실린에 대한 과민 반응을 갖는 환자는 코트리목사졸을 통해서 치료한다.

페니실린계 항생제

페니실린은 그람양성, 음성알균 및 그람양성막대균에 대해 광범위한 항균 효과를 가지고 있다. 하지만 페니실린의 남용으로 점차 페니실린을 분해하는 페니실리네이즈라는 내성효소를 획득한 세균이 많아져 현재는 enterococci 등 일부 세균에서만 항균력을 갖는다. 현재는 반합성 항생제인 메티실린에 대한 저항성을 갖는 MRSA(methicilline-resistant *S. aureus*)의 출현이 빈번해지면서 새로운 항생제 개발이 촉진되고 있다.

〈표 8-5〉 페니실린계 항생제의 종류

구분	항생제
천연 항생제	· 벤질페니실린(페니실린 G) · 페녹시메틸 페니실린(페니실린 V)
반합성 항생제 (페니실리네이즈 저항성)	· 메티실린, 나프실린, 옥사실린, 디클로사실린, 옥사실린
넓은 적용 범위의 항생제	· 아미노페니실린(암피실린, 아목실린) · 카복실페니실린(카베니실린, 티카실린) · 유레이도페니실린(아지오실린, 메지오실린, 파이퍼라실린)
페니실린 병행 치료용 항생제	· 암피실린-설박탐 · 아목실린-클라블라네이트 · 티카실린-클라블라네이트 · 파이퍼라실린-타조박탐

9. 식중독 위험을 줄이는 방법

아래의 조치를 실천함으로써 리스테리아에 의한 식중독을 최소화할 수 있다.

9-1. 식품 전처리와 보관은 모든 포장지 라벨과 설명서에 따라서 실시한다.

9-2. 주방에서 식품을 처리한 후, 주방세정제나 표백액으로 식품 전처리에 사용한 기구의 표면을 철저하게 위생적으로 세척한 후 물로 잘 헹군다.

9-3. 교차 오염을 방지하기 위해서 가공하지 않은 식품에 사용된 칼, 도마, 조리기구는 깨끗하게 씻고 다시 사용하기 전까지 잘 말려둔다.

9-4. 과일과 채소를 먹기 전에 철저하게 씻고 헹군다.

9-5. 상하기 쉬운 식품, 조리된 음식, 남은 음식은 두 시간 이내에 냉장 보관하거나 냉동 보관한다.

9-6. 해동은 반드시 냉장고, 찬물 또는 전자레인지를 이용한다.

9-7. 남은 음식은 최대 4일간 보관하며 먹기 전에 내부 온도가 74℃가 되도록 재가열한다.

9-8. 냉장고가 4℃ 이하로 유지되는지 확인하기 위해 온도계를 사용하여 냉장고 내부 온도를 확인한다.

9-9. 냉장고는 자주 청소하여 오염된 식품에서 오염되지 않은 식품으로 세균이 전달되는 기회를 최소화한다.

〈표 8-6〉 고위험자가 피해야 할 식품과 대체 식품의 예

피해야 할 식품과 조리 환경	대체 식품
· 추가 가열 없이 포장지를 개봉해서 바로 먹는 핫도그(포장 내에 있는 물기에 리스테리아가 존재할 수 있다) · 포장지 내에 있는 액이 다른 식품이나 조리기구 및 접시에 전달되지 않도록 한다. · 핫도그를 조리한 후 손 세척	증기로 익혀진 핫도그
냉장 해산물과 생선	· 조리되어 냉장 보관된 해산물과 생선 · 통조림이나 상온에서 오래 상하지 않는 훈제 해산물과 생선
날로 혹은 조리되지 않은 육류, 가금류, 생선	완전하게 조리한 육류, 가금류 및 생선

10. 리스테리아 모노사이토제네스 시험법

국내 리스테리아 모노사이토제네스 검출 방법에 대한 식품공전 미생물 시험법, 축산물공전 미생물 시험법, 질병관리본부 병원체 실험실 진단법을 소개하고자 한다.

10-1. 식품공전 *L. monocytogenes* 시험법

1) 증균배양

우유, 유제품, 가공식품 및 수산물의 검체에 대해서는 증균배지로 *Listeria* 증균

배지(*Listeria* enrichment broth)를 사용하고, 식육 및 가금류의 검체는 1차 증균배지로 UVM-modified *Listeria* 증균배지를 사용한다. 검체 25g 또는 25mL를 취하여 225mL의 Listeria 증균배지 또는 UVM-modified Listeria 증균배지를 가한 후 30℃에서 24시간 배양한다. 식육 및 가금류 등의 검체는 배양액 0.1mL를 취하여 Fraser *Listeria* 배지 10mL에 접종하여 2차 증균을 실시한다.

Listeria enrichment broth(*Listeria* 증균배지)	
Tryptone	17g
Soytone	3g
Glucose	2.5g
Sodium chloride	5g
Potassium phosphate dibasic	2.5g
Yeast extract	6g
Cycloheximide	0.05g
Acriflavin HCl	0.015g
Nalidixic acid	0.04g

위의 성분을 증류수 1,000mL에 녹여 pH 7.3±0.2로 조정한 후 121℃에서 15분간 멸균한다.

UVM modified *Listeria* enrichment broth(UVM-modified *Listeria* 증균배지)	
Tryptose	10g
Beef extract	5g
Yeast extract	5g
Sodium chloride	20g
Sodium phosphate dibasic	9.6g
Potassium phosphate monobasic	1.35g
Esculin	1g
Nalidixic acid	0.02g
Acriflavin HCl	0.012g

위의 성분을 증류수 1,000mL에 녹여 pH 7.2±0.2로 조정한 후 121℃에서 15분간 멸균한다.

Fraser *Listeria* broth	
Tryptose	10g
Beef extract	5g
Yeast extract	5g
Sodium chloride	20g
Sodium phosphate dibasic	9.6g
Potassium phosphate monobasic	1.35g
Esculin	1g

위의 성분을 증류수 1,000mL에 녹여 121℃에서 15분간 멸균하여 50℃로 식힌 후 nalidixic acid 0.02g, acriflavin HCl 0.021g, lithium chloride 3g을 여과멸균 하여 첨가한다.

2) 분리배양

증균배양액을 멸균된 면봉을 이용하여 oxford agar〈그림 8-1〉 또는 lithium chloride-phenylethanol-moxalactam agar에 접종하여 30℃에서 24~48시간 배양한다. 의심 집락이 확인되면 이를 0.6% yeast extract가 포함된 tryptic soy agar에 접종하여 30℃에서 24~48시간 배양한다.

Oxford agar	
Columbia blood agar base	39g
Esculin	1g
Ferric ammonium citrate	0.5g
Lithium chloride	15g
Agar	2g

위의 성분을 증류수 1,000mL에 녹여 pH 7.0±0.2로 조정한 후 121℃에서 15분간 멸균한다. 이를 50℃ 정도로 식힌 후 cycloheximide 400mg, colistin sulfate 20mg, acriflavin 5mg, cefotetan 2mg, fosfomycin 10mg을 여과멸균 하여 첨가한다.

LPM agar(Lithium Chloride Phenylethanol Moxalactam agar)	
Thyptose	10g
Beef extract	3g
Sodium chloride	5g
Lithium chloride	5g
Glycine anhydride	10g
Phenylethanol	2.5g
Agar	15g

위의 성분을 증류수 1,000mL에 녹여 pH 7.3±0.2로 조정한 후 121℃에서 15분간 멸균한다. 이를 50℃ 정도로 식힌 후 moxalactam 20mg을 여과멸균 하여 첨가한다.

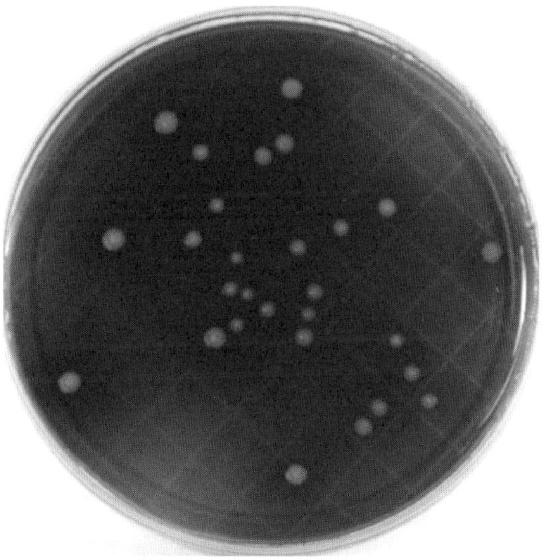

〈그림 8-1〉 Oxford agar에서 *L. monocytogenes*의 배양사진

3) 확인 시험

그람염색 후 그람양성간균이 확인되면 hemolysis, motility, catalase, CAMP test와 mannitol, rhamnose, xylose의 당 분해 시험을 실시한다. 이 결과 β- hemolysis를 나타내고 catalase 양성, motility 양성을 나타내며 CAMP 시험 결과, *Staphylococcus aureus*(ATCC 25923)에서 양성, *Rhodococcus equi*(ATCC 6939)에서 음성으로 나타나는 동시에 당 분해 시험 결과 mannitol 비분해, rhamnose 분해, xylose 비분해의 결과를 보일 경우 *L. monocytogenes* 양성으로 판정한다.

10-2. 축산물공전 *L. monocytogenes* 시험법

1) 증균배양

채취한 시료액 25mL(g)를 LEB(또는 PALCAM broth, Fraser broth) 225mL에 접종시켜 35±1℃(또는 30℃)에서 24~48시간 동안 증균배양 한다.

2) 분리배양

선택배지 LPM agar, oxford agar 또는 PALCAM agar에 증균배양액을 획선 접종하여 35±1℃(또는 30℃)에서 48±2시간 배양 후 리스테리아균의 전형적인 집락 모양인 진한 갈색 또는 검은색 환으로 둘러싸인 집락을 선택한다.

3) 확인 시험

유사한 집락에 대해서는 그람염색으로 그람양성간균을 확인하고, 생화학 시험을 실시한다. Catalase 양성, β-용혈성을 나타내며, 운동성이 있고, CAMP 시험 결과 *Staphylococcus aureus*에서 양성, *Rhodococcus equi*에서 음성으로 나타나는 동시에 당 분해 시험 결과 mannitol 비분해, rhamnose 분해, xylose 비분해의 결과를 보일 경우 리스테리아균(*Listeria monocytogenes*) 양성으로 판정하고 혈청학적 검사(O 및 H)를 추가적으로 실시한다.

10-3. 질병관리본부 감염병 실험실 진단 시험법(*L. monocytogenes*)

1) 검체 채취 및 보관

(1) 임상검체

① 혈액, 뇌척수액, 양수, 태반, 태아 조직 등 정상적으로 무균적인 검체는 즉시 배지에 접종하여 검사하고 즉시 검사할 수 없을 때에는 4℃에서 48시간 보관 가능하다.

② 변, 질 분비물, 호흡기 분비물 등의 상재균이 있는 검체는 48시간 이내에는 4℃에서, 장기간 보관할 때는 -20℃에 보관한다.

보균자 조사를 위한 역학 조사에 필요한 대변검체는 대변 1g을 100mL의 선택증균 배지인 UVM(University of Vermont), PALCAM(Polymycin-acriflavin- lithium chloride-ceftazidime esculin-mannitol) 배지에 넣어 실온에서 이송한다.

(2) 식품

적어도 10g의 식품을 멸균된 깨끗한 용기에 담아 얼음에서 밤새 이송하거나 냉동해서 이송한다.

2) 배양 및 분리

(1) 무균적인 검체

5% 면양이나 말, 토끼 혈액이 첨가된 tryptic soy agar에 접종하여 35℃에서 배양한다.

(2) 상재균이 섞인 검체나 식품은 선택증균배지에 접종한다.

① USDA(U. S. Department of Agriculture) 방법

UVM 선택증균배지에 검체와 배지 비율이 1 : 9가 되도록 넣고 30℃에서 24시간 배양한다. 이후 0.1mL를 LPM(Lithium chloride-Phenylethanol-Moxalactam)

한천배지와 oxford 한천배지에 접종하여 35℃에서 24~48시간 동안 배양하여 관찰하고, 또 다른 0.1mL를 10mL UVM 배지에 접종해서 24시간 배양, 위와 동일하게 0.1mL를 다시 LPM 한천배지와 oxford 한천배지에 접종하여 배양 후 관찰한다. LPM 한천배지에서 리스테리아균종은 streozoom 현미경 하에서 비스듬하게 빛을 비추면 파란색 집락을 형성한다(다른 균종은 노란색이나 오렌지색 집락 형성). oxford 또는 modified oxford 한천배지에서 리스테리아균종은 1~3mm 크기의 검은색 halo로 싸인 검은 집락을 형성하는데, 이는 균이 esculin을 가수분해하고 배지에서 검은 iron-phenol 복합물을 형성하기 때문이다.

② NGFIS(Netherlands Government Food Inspection Service) 방법

PALCAM-egg yolk 증균배지에 접종하여 30℃에서 24~48시간 배양 후 이를 PALCAM 한천배지에 접종하고 30℃, 미호기성(5% O_2, 7.5% CO_2, 7.5% H_2, 80% N_2) 조건 하에서 48시간 배양한다. PALCAM 한천배지에서 리스테리아균종은 2mm 크기의 중앙이 검은색으로 움푹 들어간 회녹색 집락을 형성한다(esculin, ferric iron, D-mannitol과 phenol red가 색깔을 형성).

(3) 신속 검출 방법

① 식품의 경우 선택증균배지에서 리스테리아균종을 신속하게 검출할 수 있는 상품화된 제품이 있다.

단클론항체를 이용한 Listeria-Tek(Organon-Teknika), 그 외 Listeria immunoenzymatic detection kit(Transia), Listeria visual immunoassay (Tecra), Vidas-Lis(bioMerieux), Listeria Rapid Test(Unipath) 등이 있고 L. monocytogenes 균종에 특이적인 제품으로는 Lister Test(VICAM), Vidas-LMO, DNA probe L. monocytogenes assay (Gene-Trak)가 있다.

② 중합효소연쇄반응(PCR)은 뇌척수액이나 조직에서 *L. monocytogenes* DNA 검출하여 진단한다.

3) 동정

(1) 균속 동정

그람염색 상의 형태학적 특성과 액상에서 텀블링하는 운동성, catalase 양성, esculin hydrolysis, D-glucose에서 산 생성, VP와 methyl red test에서 양성 소견으로 동정할 수 있다. 다른 그람양성간균과의 감별 특성은 *Erysipelothrix* spp.는 운동성이 없고, catalase 음성이며, 4℃에서 자라지 못한다는 것이고, *Lactobacillus* spp.는 운동성이 없고, catalase 음성이라는 것이며, *Brochothrix* spp.는 37℃에서 자라지 않고, *Kuthria* spp.는 절대 호기성이고, esculine 음성이라는 것이다.

(2) 균종 동정

모든 리스테리아균종이 음식물에 오염될 수 있으나 *L. monocytogenes*만이 문제가 되기 때문에 균종까지 동정하는 것이 필수적이며, 생화학적 성상으로 동정이 가능하다.

① 용혈성

리스테리아균종 중 *L. monocytogenes*, *L. seeligeri*, *L. ivanovii*만 혈액한천에서 용혈을 보이는데 *L. monocytogenes*, *L. seeligeri*는 좁은 β-용혈을 나타내고 *L. ivanovii*는 넓은 β-용혈을 나타낸다.

i) *S. aureus*나 *Rhodococcus. equi*를 이용한 CAMP 시험

L. monocytogenes, *L. seeligeri*는 *S. aureus*에서 용혈이 증가하고 *L. ivanovii*는 *R. equi*에서 용혈이 증가되는 양상을 보인다.

ii) 탄수화물에서 산 생성

호기성 chamber 안에서 37℃, 7일간 배양해서 관찰한다.

*L. monocytogenes*는 항상 D-xylose 음성, alpha-methyl-D-mannoside 양성의 소견을 나타낸다.

iii) Miniaturized 생화학적 시험

API-listeria 시험(bioMerieux)은 10가지 생화학적 시험을 이용하여 동정이 가능하고, DIM test(*L. monocytogenes*는 양성, *L. innocua*는 음성), Micro-ID Listeria(Organon-Teknika)는 15종류의 생화화적 방법을 이용하여 동정할 수 있으며 *L. monocytogenes*와 *L. innocua*를 감별하기 위해 용혈성 검사를 추가한 API Coryne system(bioMerieux) 등이 있다.

4) 혈청형

리스테리아균종은 5가지 이열성 편모 항원과 14가지 내열성 균체 항원에 따라서 혈청형을 구분하는데 *L. monocytogenes*은 1/2a, 1/2b, 1/2c, 3a, 3b, 3c, 4a, 4ab, 4b, 4c, 4d, 4e, 7의 13가지 혈청형이 알려져 있고 혈청형 항원을 *L. innocua*, *L. seeligeri*, *L. welshimeri*와 공유하므로 혈청혈 동정만으로 균종을 동정할 수는 없다. 대부분 사람에게 감염을 일으키는 혈청형은 1/2a, 1/2b, 4b이고 우리나라에서 분리되는 균주는 1b와 4b이다.

IX

시겔라

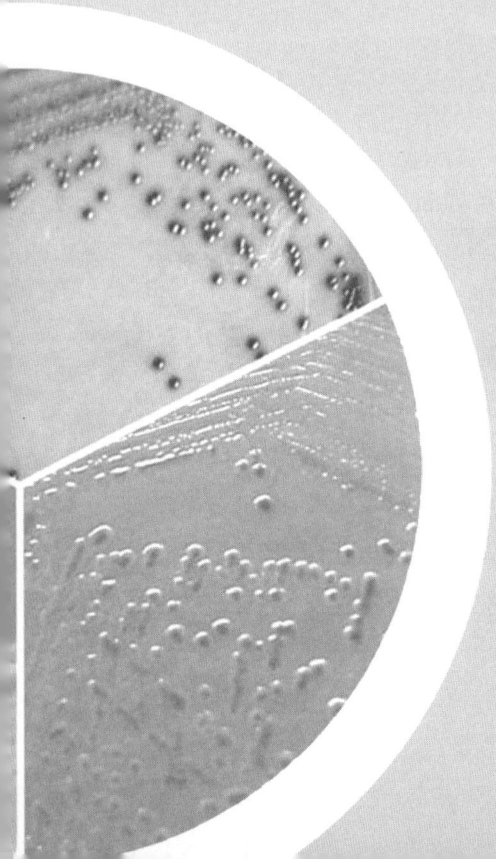

시겔라(*Shigella*)는 *Escherichia* 및 *Salmonella*와 가까우면서 그람음성이고 포자를 만들지 않는 막대 모양의 세균속이다. 또한 운동성이 없고 협막도 없는 것이 특징이다. 세균성 적리(shigellosis)의 원인균인 시겔라는 다른 포유류는 제외하고 단지 영장류에만 질병을 일으킨다. 그래서 이 균들은 인간과 영장류에서만 쉽게 발견할 수 있다. 이 균들이 전형적으로 일으키는 질병은 바로 이질(dysentery)이다. 시겔라는 대변으로 배설되지만 실온에서 24시간 방치되면 현저하게 생균 수가 감소되어 배양되기 어렵다. 시겔라는 neurotoxin, enterotoxin, cytotoxin과 같은 몇 가지의 체외독소를 만들며, 항균제에 대한 내성이 잘 생기는 특징이 있다. 원인균 가운데 *S. flexneri*가 가장 흔하고, 가장 독성이 강한 이질균인 *S. dysenteriae*는 10마리 정도만 감염되어도 질환을 일으킬 수 있으며 가장 심한 증세를 유발한다. 선진국으로 갈수록 점차 증가 추세를 보이는 *S. sonnei*가 있고, 그 외에 *S. boydii* 등이 있다. 위험 인자로는 다른 지방으로 여행을 가는 경우와 사람이 많고 비위생적인 주거 환경 등을 들 수 있다.

적리(Shigellosis, 이질)

발열, 복통, 설사를 주증세로 하는 법정전염병의 일종이다. 근년에는 화학요법의 진보에 따라 사망률이 극히 낮아졌을 뿐만 아니라, 환자나 보균자의 수도 점차 감소되고 있다.

1. 분류

시겔라의 분류학적 위치는 세균계 Proteobacteria문 Gamma Proteobacteria강 Enterobacteriales목 Enterobacteriaceae과 *Shgella*속이다. *Shigella*와 *Escherichia*는 매우 밀접하게 연관되어 있어 두 속은 DNA-DNA 혼성화에서 70%의 유전체 상동성을 보인다. 그러나 대부분의 에스체리치아속 세균의 일부만 이질과 유사한 설사를 일으키는 반면, 시겔라속의 세균은 전체적으로 사람에게 병원성을 나타내며 심각한 이질을 일으킨다. 시겔라속은 4종이 있고 이들은 다시 혈청군으로 나누어진다. *S. dysenteriae*는 A군이고 12개의 혈청군으로 나누어지며, *S. flexneri*는 B군이고 6종의 혈청군으로 되어 있다. 또 *S. boydii*는 C군으로 23종의 혈청군으로 나누어지고, *S. sonnei*는 D군이며 혈청군은 한 개로 되어 있다.

2. 생화학적 동정

시겔라 세균종들은 이동성이 없으며 *S. sonnei*를 제외하고 유당(lactose) 비발효균이다. *S. flexneri*의 일부 균주를 제외한 대부분의 시겔라균들은 탄수화물로부터 가스를 생성하고 결국 생화학적으로 불활성이다. 시겔라는 또한 urea 가수분해에 음성을 나타낸다. TSI test 결과는 K/A로 포도당(glucose) 발효균이고 가스 발생은 음성이며 H_2S 발생도 음성으로 나타난다. Indole 반응은 양성 또는 음성으로 혼합되어 있지만 *S. sonnei*는 항상 indole 음성을 나타낸다〈표 9-1〉.

TSI test(Triple Sugar Iron test)

TSI는 enterobacteriaceae에 속하는 여러 종의 박테리아를 다른 그룹에 속하는 박테리아와 구별하기 위해서, 또는 같은 장내 세균에 속하는 박테리아의 종류를 알기 위해서 고안되었다. 장내 세균의 대표적인 특징으로는 그람음성(gram-negative), 선택적 호기성(facultatively-aerobic), 비포자형성간균(nonspore-forming rod) 등이 있다. TSI agar test는 이들 박테리아가 어느 당을 발효(fermentation)하여 에너지를 얻느냐, 또는 그들이 hydrogen sulfide(H_2S)를 생산할 수 있느냐를 테스트하여 사용한 sample이 어떤 종인가 결정한다. 이 테스트를 간략하게 요약하자면, 우선 시험관을 기울인 다음, 시험관의 사면(slant) 부분과 고층(butt) 부분에 미생물을 접종시킨다. 그리고 후에 배지의 색의 변화와, 갈라짐 유무를 관찰하여 sample 박테리아가 어떤 당을 이용하고, 어떤 발효 과정을 거치며, H_2S를 생산할 수 있느냐를 결정한다.

TSI agar 조성

① Beef extract, yeast extract: complex medium으로, 미생물에게 필요한 여러 물질들이 들어 있다.

② Peptone, protease peptone: 단백질 공급원

③ Glucose, lactose, sucrose: carbon source이고 glucose의 경우 다른 것보다 1/10 정도 들어 있다. 이는 미생물이 glucose만 이용하느냐, 아니면 lactose, sucrose까지 이용하느냐를 결정하기 위해서다.

④ Sodium thiosulfate($Na_2O_3S_2$): 미생물이 이용, H_2S를 발생

⑤ Ferrous sulfate($FeSO_4$): 미생물이 만들어 낸 H_2S와 반응해서 검은색의 metal sulfide (FeS)가 된다. 이것으로부터 미생물이 H_2S를 생산하는지의 여부를 알 수 있다.

⑥ Sodium chloride(NaCl): 삼투압 보정
⑦ Phenol red: pH 지시약

〈표 9-1〉 시겔라속의 생화학적 시험 특성 및 기타 진단 반응

시험 조건	반응성
H_2S(TSI)	−
Urease	−
Voges-Proskauer	−
Indole	+/−
운동성	−
포도당에서 기체 생성	−
β-Galactosidase	+/−
KCN	−
Citrate	−
Mucate 이용	−
Phenylmethyl red	+
Tartrate 이용	−
Alanine deaminase	−

3. 혈청형

시겔라는 다음과 같이 4개의 혈청군(serogroup)으로 나뉘고 총 42개의 혈청형(serotype)으로 되어 있다.

Serogroup A: *S. dysenteriae*(12 serotypes)
Serogroup B: *S. flexneri*(6 serotypes)
Serogroup C: *S. boydii*(23 serotypes)
Serogroup D: *S. sonnei*(1 serotype)

A~C군은 생리학적으로 유사하지만 *S. sonnei*(D군)는 생화학적 대사 분석의 결과에서 구별이 된다. 3개의 혈청군이 주요 질병 유발 종들인데, *S. flexneri*가 세계적으로 가장 흔한 분리균으로 개발도상국의 발병의 60%를 차지한다. *S. sonnei*는

선진국에서 시겔라 발병의 약 77%를 차지하지만 개발도상국에서는 단지 15%만 차지한다. *S. dysenteriae*도 이질 전염병의 한 원인균이고 주로 난민촌과 같은 갇힌 공간의 거주민에게서 많이 발병한다.

4. 감염경로(주요 서식처와 발생)

이질균의 유행은 시대의 변천에 따라서 세균군이 달라지고 있는데 구미 선진국에서 *S. dysenteriae*(A군)의 유행은 *S. flexneri*(B군)로, 현재는 다시 *S. sonnei*(D군)으로 바뀌었으며 연대의 차이는 있지만 일본이나 우리나라도 *S. sonnei*(D군)으로 바뀌었다. 그러나 개발도상국에서는 이러한 변천이 늦고, 따라서 이질균의 유행균군을 알면 위생 상태, 나아가서는 선진국인지 후진국인지를 알 수 있다는 말까지 있다. 이러한 유행균군의 변천으로 점액 혈변이 나타나는 고전적 이질 증세를 나타내는 환자는 감소되고 여름철이던 유행 계절이 뚜렷하지 않게 되어서 마치 이질균 감염증 자체가 감소된 것처럼 오인되고 있지만 실제로 이질은 지금도 설사의 가장 중요한 원인균이다.

한편 저항력이 가장 강한 *S. dysenteriae*가 자연계에서 살 수 있는 시간은 물에서 2~6주, 우유나 버터에서 10~12일, 과일이나 채소에서 10일, 의복에서 1~3주, 습기가 있는 흙에서 수개월, 위액에서는 2분, 60℃에서 10분, 5% 석탄산수에서는 수분 동안이다.

장티푸스는 물, 오염된 식품 등 매개물 안에서 증식한 후 감염이 성립되지만, 이질은 매개체 내의 증식 없이도 환자나 보균자의 손에 붙어 있는 세균만으로도 전파가 가능하며 이 접촉 감염이 이질의 주된 전파 방법이다. 또한 배변 후나 오염된 변기를 만진 후 손을 깨끗이 씻지 않고 음식을 오염시켜 간접적으로 전파시키기도 한다. 오염된 대변에 접촉한 파리, 바퀴벌레 등의 곤충에 매개된 음식물의 섭취를 통해 감염되거나 오염된 식수 또는 우유 등을 통해서도 전파된다.

가구 내 2차 발병률은 높아서 10~40%에 달하며, 집단발생은 위생 상태가 불량하고 밀집되어 거주하는 고아원 등 사회복지시설, 정신병원, 교도소, 캠프, 선박 등에서 많이 발생한다. 0~4세군과 60세 이상 연령군에서 높고, 남자가 여자보다 발병률이 높다. 치사율은 20~34세에서 가장 낮고, 이보다 어리거나 나이가 많을수록 높다. 특히 이유기의 소아 등에서 감수성이 높고 중증으로 되기가 쉽다. 잠복기는 1~7일이고 보통은 2~3일로 짧다. 전염기는 급성 감염기로부터 대변에서 균이 발견되지 않는 기간, 즉 발병 후 4주 이내이다. 드물지만 보균 상태가 수개월 이상 지속될 수도 있다.

5. 감염증

과거에는 이질균(*S. dysenteriae*)에 의한 이질이 유행하여 심하게 앓고, 생명을 잃는 경우가 많았다. 초기 증세로 갑작스러운 발열과 복통, 구토, 설사 등이 나타나며, 심한 경우에는 수막염 증세와 헛소리, 혼수, 환각, 경련 등이 생길 수 있다. 설사는 경증이면 1일 수회이지만, 중증의 경우는 1일 30회 이상일 때도 있다. 적리 때 설사의 특징은 처음에는 황갈색 물과 같은 설사가 곧 점액, 혈액이 섞인 것으로 변하고, 다시 점액, 혈액, 농이 섞인 것을 소량씩 배출할 뿐으로 분변의 부분은 전혀 없는 일이 많다. 또, 시원하게 배변이 되지 않아 배변의 종료감이 없다. 복통은 차츰 왼쪽 하복부에 국한되고, 그 부분을 압박하면 강한 통증이 있다. 환자의 40% 정도는 신경계 이상 증세를 보이는데, 이것은 이질균이 내는 장독소 때문인 것으로 추정된다. 때로는 근육통이 나타나기도 하고, 경우에 따라서는 정상보다 백혈구 수가 감소한다. 탈수증이 나타나는 경우도 있는데, 어린이의 경우 특히 위험하다. 간혹 이질균이 소화관에서 혈류를 통하여 신장, 쓸개, 간, 심장, 관절 등 다른 기관으로 퍼질 수도 있는데, 이 경우에는 쇼크나 사망을 일으킬 수 있다. 합병증으로 장천공(intestinal perforation), 급성 신부전, 빈혈 등이 나타날 수 있다.

근래에는 *S. flexneri*라는 균에 의한 이질이 대부분이므로 증상이 가벼워 며칠간 단순한 설사로 지나가는 경우가 많다. 전형적인 증상은 열이 나고, 때로는 구토, 경련성 복통이 있으며, 코처럼 끈끈한 점액이 섞인 곱똥(점액변)이나 피가 섞인 혈변이 나오고, 대변이 자주 마렵지만 적은 양이 나오는 후중기(tenesmus)를 호소하는 것이 특징이다. 이는 세균의 침입으로 인해 미세농양이 생기기 때문이다. 환자의 1/3은 수양성 설사의 양상을 보인다. 소아의 경우 경련을 보이기도 한다. 소아에 치명적이며 신경장애, 순환기 장애, 소화기 장애, 탈수 현상, 발열, 설사 등의 증상이 세균의 종류나 환자의 감수성에 따라 약하거나, 증상 없이 지나기도 한다. 증상은 보통 4~7일이 지나면 회복된다. *S. dysenteriae* 1이 가장 심한 증상을 나타내며 사망률도 높다. *S. flexneri*, *S. sonnei*로 갈수록 임상 증상이 약해진다. *S. dysenteriae* 1은 종종 독성 거대결장증이나 용혈성 요독 증후군을 일으켜 사망에 이르기도 하는데, *S. sonnei*는 임상 경과가 짧고 병의 증상도 양호하다. *S. flexneri*의 경우 합병증으로 라이터 증후군을 일으키기도 한다.

독성 거대결장증(Toxic Megacolon)

장이 심하게 헐면 장운동이 제대로 일어나지 않아 풍선처럼 부풀어오르게 되는데 이 때 환자는 배가 불러오고 심한 복통을 느끼게 된다. 또한 열이 나고 맥박이 빨라지며 탈수 등의 현상이 나타난다. 이런 독성 거대결장은 드물게 나타나지만 매우 위급한 상황이므로 빨리 조치를 취해야 한다.

용혈성 요독 증후군(Hemolytic Uremic Syndrome, HUS)

피가 깨져서 빈혈이 생기고 신장 기능이 저해되는 합병증으로 일단 나타나면 사망률이 아주 높다.

라이터 증후군(Reiter's Syndrome)

세균성 이질을 앓은 후에 관절염, 요도염, 결막염의 세 가지 증상이 나타나는 것을 말한다.

6. 식중독 증상

세균성 이질을 일으키는 시겔라균은 물, 채소, 우유 등을 통해 감염되기 쉽다. 물 같은 대변에 혈액이 섞여 나오거나 고름이 섞여 나오기도 한다. 이런 증상이 나타나는 것은 몸 안으로 들어온 시겔라균이 장에서 증식을 하고 독소를 내며 장기 점막을 침범하기 때문이다. 예방 백신이 없기 때문에 위생 유지가 최선이다.

〈표 9-2〉 미국의 2008년도 시겔라 식중독 발생률(기준: 10만 명당 발생 수)

연령	<4	4～11	12～19	20～49	>50
발생률(%)	27.86	25.67	2.99	3.61	1.70

* 식중독 통계 시스템(http://e-stat.kfda.go.kr/intro.jsp)

7. 진단 및 치료

액체증균배지는 시겔라와 특성이 비슷한 대장균을 억제하는 물질이 함유되어 있으므로 사용하지 않는다. 진단은 대변을 직접 장내 세균용 배지와 선택배지에 접종한 후 생화학적 동정과 혈청형 시험으로 원인균을 확인하면 된다. 생화학적 성상으로 살모넬라 또는 시겔라로 확인된 균주는 다가 항혈청(polyantiserum)으로 슬라이드 응집반응을 시행한 후 양성이면 군 항혈청으로 응집 시험한다. 혈청형은 O 항원과 H 항원으로 검사해야 동정이 가능하며 이러한 혈청형 동정은 국립보건원에서 하고 있다. 시겔라는 양성률이 낮으므로 선택배지에서 3일 이상 연속으로 배양해야 한다. DNA 교잡법을 이용하여 시겔라의 침입성 인자에 대한 DNA를 검출하여 진단하는 방법도 있다.

치료는 격리치료를 해야 하며, 수액요법과 항생제 치료법이 있다. 수분 공급이 가장 중요하며, 항생제는 중증의 환자들에게만 투여한다. 아주 경미한 시겔라 감염병을 앓을 때는 페디아라이트나 다른 종류의 경구용 전해질용액이나 전 유동식 또는 반 유동식을 1~2일간 알맞게 섭취하여 예방 치료한다. 그러나 심한 경우 1~2일간 경구로 음식물을 섭취하지 않고 포도당 전해질용액 혈관주사로 탈수 등을 치료 예방한다. 항생제로 치료하면 병의 경과가 짧아지고 증상이 경감될 수 있다. 항생제로는 streptomycin, chloramphenicol, tetracyclin 등이 사용될 수 있으나 내성률이 높아, 요즘은 quinolone 제제나 ceftriaxone 등이 사용되고 있다. *S. dysenteriae*에 의한 설사병에서는 항균제를 사용하지 않을 경우 생명이 위태로울 수 있으며 증상이 심할 경우에는 5일간 quinolone을 투여해야 한다. Quinolone 제제는 연골 손상의 부작용 때문에 발육기 소아에서는 금기 약물이다. 그러므로 소아의 세균성 이질 환자에서는 trimethoprim/sulfamethozaxole(TMP/SMX) 또는 ampicillin을 투여해야 하지만 최근 국내에서 분리되는 시겔라 균주(주로 *S. sonnei*)는 증상은 경미하나 두 약물에 내성인 균주가 많기 때문에 치료 약제의 선택이 매우 어렵다. Kabir 등은 TMP/SMX와 ampicillin에 내성인 시겔라 균주에 mecillinam이 효과적일 수 있음을 보고한 바 있다(1984). 연구된 바는 적으나 약제 내성균에 의한 위중한 소아 시겔라 감염에서 경구 fluoroquinolone 제제를 1~5일간 투여하여 심각한 연골 손상을 유발할 가능성은 매우 적다.

세균성 이질 환자는 설사가 멈추고 항생제 투여를 중지한 후 48시간이 지난 다음 최소 24시간 간격으로 채취한 대변 또는 직장에서 얻은 검체에서 연속 2회 이상 이질균 음성으로 나올 때 격리를 해제한다. 치료 시 환자나 보호자가 임의로 설사를 멈추는 지사제를 사용할 경우 지사제로 인해 장운동이 더디어지면 세균과 장의 상피세포의 접촉시간을 연장시켜 병변을 악화시키고 이질균 번식도 잘 될 뿐만 아니라 이질균이 내는 독소가 증가하여 중태에 빠질 수도 있으므로 지사제 사용은 자제해야 한다.

경구용 전해질용액

탈수증을 교정하려면 경구용 수분 보충 요법을 시행하는데 이때 사용하는 경구용 전해질 용액(ORS)은 설사로 소실된 수분과 나트륨, 칼륨 등의 전해질을 보충하고 유지시켜서 탈수증으로 인한 사망을 예방한다. 이런 경구용 전해질 용액은 많은 제품이 있는데 액상 형태로 되어 있는 것과 분말 형태로 되어 있는 것이 있다. 이런 경구용 수액제는 약국에서 손쉽게 구할 수 있고 '페디라'나 '엘레드로'라는 이름으로 판매가 되고 있다.

〈표 9-3〉 경구용 수화용액(전해질용액)의 예들

설사와 탈수 수화 치료를 할 때 쓸 수 있는 경구용 재수화용액, 경구용 현상유지용액, 전유동 음식물의 전해질과 포도당의 농도, 삼투압 등의 비교표

경구용 포도당 전해질 재수화용액	Na+nM/L	K+nM/L	Cl-nM/L	HCO_3-mEq/L	포도당/L(%)	mosM
1. 설사와 탈수를 응급으로 치료할 때 주로 쓰는 경구용 재수화용액						
WHO에서 권장하는 경구용 재수화용액 (Oral Rehydration Solution)	90	20	80	30	111(2%)	310
리하이드라이트 용액 (Rehydration solution) (Ross 회사)	75	20	65	30	139(2.5%)	305
2. 더 이상 탈수되지 않게 치료할 때 주로 쓰는 경구용 현상유지 수화용액						
페디아라이트 용액 (Pedialyte solution) (Ross 회사)	45	20	35	30	139(2.5%)	250

인파라이트 용액 (Infalyte solution) (Pennwalt 회사)	50	20	40	30	111(2%)	270
라이스라이트 용액 (Ricelyte solution) (Mead Johnson 회사)	50	25	45	0	3%	0

3. 설사와 탈수를 치료할 때 재수화용액으로 써서는 안 되고 의사의 지시에 따라 현상유지 수화용액으로 쓸 수 있는 전 유동식 또는 반 유동식

가타라데(Gatarade)	23	3	17	3	255	330
콜라(Cola)	2	0.1	2	13	730	750
쿨 에이드(Kool-Aid)	3	0.1	2	13	730	750
사과주스(Apple juice)	3	28	30	0	690	725
하이 시(Hi-C)	2	5	0	0	800	816
폽시클(Popsicle)	5	0.5	0	0	710	719
닭고기 국물(Chicken broth)	251	8	250	0	0	501
맹물	0	0	0	0	0	–

8. 예방법

예방접종 백신은 개발이 시도되었으나 아직 유용한 백신은 없다. 따라서 적절한 소독과 환자 및 원인체 발견, 치료만이 효과적 예방대책이다. 상하수도 완비와 음료수 정화, 염소 소독이 관리에 있어 중요하다. 음식을 만들기 전, 식사하기 바로 전 또는 배변 후에는 손을 깨끗이 씻도록 한다. 모든 우유나 식료품은 살균하고, 상업용 우유의 생산 과정, 보관 방법, 배달 과정을 위생적으로 감독한다. 조리용 음식물이나 음료수의 품질을 적절히 관리한다. 음식물을 통조림 할 때는 냉각수나 염소 소독한 물을 사용하고 갑각류나 어패류는 정기적으로 검사한다. 유행지역에서는 물을 반드시 끓여 먹고, 조리사나 식품 유통업자는 식품을 적절히 냉동하고 항상 청결을 유지한다. 샐러드 보관이나 냉동식품을 다룰 때 주의할 사항에 대해 지도한다. 이는

가정이나 공공 식당에서도 마찬가지이다. 청결정도가 불분명할 때는 식품을 선별하여 조리하거나 익혀서 먹고, 과일의 껍질을 벗겨 먹는다. 유아기에는 모유 영양을 장려하고 모든 우유나 물을 소독한다. 보균자는 식품을 다루는 업무나 환자의 간호에 종사해서는 안 된다. 가족감염률이 높으므로, 환자와 함께 음식을 먹지 말아야 하고 환자가 쓴 수저나 그릇 등을 물로 끓여 소독한 다음 사용해야 한다. 집 안의 파리를 잡아 시겔라균에 오염되지 않도록 예방한다. 가족이나 음식물을 함께 먹은 사람은 보건소에서 검변(stool examination)을 받는 것이 좋다. 적리균이 검출되면 올바른 치료를 받는 것이 좋으며, 함부로 항생 물질을 남용하여 치료를 그르치면 증세는 소실되어도 보균자가 되어 약제내성균(drug resistant bacterium)을 퍼뜨리는 결과가 되므로 주의해야 한다. 한편 *S. sonnei*나 *S. flexneri* 균종 감염으로 인한 시겔라 감염병은 예방할 수 있는 예방접종 백신을 최근에 만들어 1~4세 소아들에게 6주 간격으로 두 번 예방접종한 결과 85% 정도 예방 효과가 나타났다는 보고가 있었다(American Pediatric Society).

9. 시겔라 시험법

9-1. *S. sonnei* 증균배양

1) 시료 25g을 무균적으로 달아서 0.5μg/mL novobiocin이 첨가된 225mL Shigella broth에 넣는다.
2) 10분 동안 실온에 정치시키고 주기적으로 흔들어 준다.
3) 상등액을 멸균된 500mL Erlenmeyer flask에 붙는다.
4) 멸균된 1N NaOH 또는 1N HCl을 사용하여 pH를 7.0±0.2로 맞춘다.
5) Flask를 신선한 촉매제가 들어 있는 혐기병에 넣고 GasPak을 삽입한 후 물을 첨가해 활성화시킨다.
6) 혐기병 안의 높은 습도 때문에 사용 후 촉매제를 가열한다.
7) 44.0℃ water bath 안에서 20시간 동안 배양한다.
8) 증균배양액을 잘 흔들어서 MacConkey agar plate에 접종한다.
9) 35℃에서 20시간 배양한다.

9-2. 기타 *Shigella* spp. 증균배양

위에 언급한 과정과 동일하지만 3.0μg/mL novobiocin을 사용하고 42.0℃ water bath를 사용하는 점이 다르다.

9-3. 분리배양

1) MacConkey agar plate를 조사한다.
2) *Shigella* colony는 연한 핑크와 반투명색으로 울퉁불퉁한 가장자리를 갖거나 갖지 않는다.
3) 의심되는 colony를 다음의 배지에 접종한다: glucose broth, TSI agar slant, lysine decarboxylase broth, motility agar, tryptone.
4) 35℃에서 48시간 동안 배양하는데 20시간에 한 번 점검한다.
5) 운동성을 갖거나 H_2S 형성, gas 형성, lysine 탈탄산반응(decarboxylation), sucrose나 lactose의 발효를 보이는 모든 배양균은 버린다.
6) Indole 형성에 양성을 나타내는 44.0℃ 증균배양액은 버린다.
7) 42℃ 증균배양액에서 분리한 분리균은 양성이든 음성이든 보관한다.

Shigella broth	
Tryptone	20g
K_2HPO_4	2g
KH_2PO_4	2g
NaCl	5g
Glucose	1g
Tween 80	1.5mL
Distilled water	1L

pH를 7.0±0.2로 맞추고, 121℃에 15분간 고압멸균을 한다.

Novobiocin solution

50mg novobiocin을 1L DW에 녹인 후 0.45μg membrane으로 통과시켜 멸균한다.

Novobiocin solution을 225mL base에 첨가한다.

MacConkey agar

Proteose peptone or polypeptone	3g
Peptone or gelysate	17g
Lactose	10g
Bile salts No. 3 or bile salts mixture	1.5g
NaCl	5g
Neutral red	0.03g
Crystal violet	0.001g
Agar	13.5g
Distilled water	1L

최종 pH를 7.1±0.2로 조절한다. 각 성분들을 부유시키고 열을 가해 녹인다. 1~2분간 끓이고 121℃에서 15분간 고압멸균 후 45~50℃로 식히고 각각의 멸균된 15×100mm 페트리접시에 20mL씩 붓는다. 뚜껑을 덮고 상온에서 건조한다.

Lysine decarboxylase broth

Peptone or gelysate	5g
Yeast extract	3g
Glucose	1g
Bromcresol purple	0.02g
Distilled water	1L

멸균 후에 pH가 6.5±0.2가 되게 조절하고 5mL씩 16×125mm screw-cap tube에 분주한다. 느슨하게 닫은 capped tube를 121℃에서 10분간 고압멸균을 한다. 접종 후 보관을 위해 뚜껑을 꽉 닫는다. 대조군을 위해 보충되지 않은 base를 사용한다.

Lysine broth(falkow)

5g L-lysine을 1L base에 첨가하므로 완성된다.

Motility test medium(semisolid)	
Beef extract	3g
Peptone or gelysate	10g
NaCl	5g
Agar	4g
Distilled water	1L

잘 흔들면서 열을 가하고 1~2분 정도 agar를 녹이기 위해 끓인다. 8mL씩을 각각의 16×150mm screw-cap tube에 분주한다. 121℃에서 15분간 고압멸균을 수행한다. 최종 pH는 7.4±0.2로 조절한다.

9-4. 질병관리본부 감염병 실험실 진단 시험법(*Shigella*)

국내 시겔라 검출방법에 대한 질병관리본부 병원체 실험실 진단법을 소개하고자 한다.

1) 검체 및 처리

(1) 검체

① 검체의 대상은 사람의 배설물과 식품, 물 등을 생각할 수 있다. 대변은 발병 초기 항생제 치료 전에 채취해야 하며 배설한 직후의 신선한 것을 취하고 채취된 검체는 운송배지에 넣어 실험실로 신속하게 운반하거나 분리배지에 접종한다. 배지나 보존액 8~10mL 정도에 대변 1g 정도를 떼어내어 잘 부유시키며, 분리배지를 사용할 경우 멸균된 면봉에 대변을 묻혀 배지 한쪽에 바른 후 백금이로 배지 전체에 균이 희석되게 바른다. 보존배지에는 배지량 10mL 정도에 1g 정도의 대변을 부유시키고, Cary & Blair 수송배지에 넣을 때는 면봉에 대변을 묻혀서 면봉이 배지에 완전히 묻히도록 찔러두고 손으로 잡았던 부분은 잘라 버린다. 자연 변을 얻을 수 없을 경우 면봉을 직장에 약 5cm 정도 삽입하여 조심히 돌려 직장채변을 한다.

② 식품의 경우 25g 이상을 멸균된 도구를 사용하여 멸균된 용기에 수거하도록 한다.

③ 물이나 음료수, 하수는 멸균된 용기에 1L 이상 채취하여 수송 시 파손되지 않도록 빠르고 안전하게 목적지까지 수송한다.

2) 검사 방법

(1) 증균배양

① 대변검체에 대한 증균 과정은 선택적이다. 환자검체의 경우는 선택배지에 직접 접종하는 것이 보다 효과적인 것으로 알려져 있다. 증균을 할 경우 그람음성균 등을 사용 가능하며 36~37℃에서 18~24시간 배양한다.

② 식품의 경우 분리가 매우 어려우며 표준화된 실험법은 존재하지 않는다. 대부분 미국 FDA에 의해 권고되고 있는 방법을 사용하고 있는데, 25g 정도의 검체를 225mL의 배양액(3µg novobiocin/*shigella* broth)에 넣고 10분간 실온에 방치하면서 주기적으로 흔들어 준다. 다음에 상층액을 멸균된 500mL 삼각플라스크에 넣은 후, pH 7로 조정하고 anaerobic jar에 넣어 42~44℃에서 22~24시간 동안 배양하고, 배양액을 잘 흔든 후 선택배지에 접종 배양한다. *S. sonnei*를 목표로 할 경우 novobiocin을 0.5µg 첨가하며 anaerobic jar를 42℃에서 배양한다.

③ 물이나 음료수, 하수는 0.22µm pore 크기의 여과지로 거른 후, 이 여과지를 영양배지에 넣고 37℃에서 14~18시간 배양한 다음 선택배지에 접종한다.

(2) 선택배양

① 선택배지는 MacConkey agar 같은 선택성이 약한 배지와 *Salmonella*와 *Shigella* 배지(SS), xylose lysine deoxycholate(XLD) 한천배지같이 선택성이 강한 것을 병용하는 것이 효과적이다. 대변의 경우 현탁액을 한 방울 정도, 직장채변

검체의 경우 지름 2.5cm 이상으로 배지 위에 바른다. 선택력이 강한 배지의 경우에는 접종량을 약간 증가시키는 것이 좋다.

② 시겔라 균속은 lactose를 분해하지 못하므로 MacConkey나 SS agar에서는 무색의 집락을, XLD agar에서는 투명한 분홍색 또는 적색 집락을 선택하여 KIA 배지에 접종하고 35~37℃에서 18~24시간 배양한다.

③ *S. dysenteriae* type 1 균주의 경우, 선택배지 상에서 다른 시겔라균들과 다른 형태학적 특성을 보인다. MacConkey에서 나타나는 집락은 다른 시겔라균에 비해 작게 나타나고, XLD에서는 아주 작게 나타남에 유의한다.

(3) 확인동정 시험

선택배지에서 독립된 집락을 선택하여 순수분리 되었음을 확인한 후, 미생물동정용 키트 등을 이용하여 생화학적 실험으로 예비동정을 수행한다.

(4) 혈청학적 응집 시험

① 시겔라균속은 4종류의 O 혈청군을 가지고 있으며 전술한 바와 같이 O 혈청군과 생물학적 종의 분류가 일치한다.

② O 혈청군은 세포벽 항원 물질(O군 항원)에 의해 분류되며 각 혈청군은 각 항혈청과의 응집 시험 결과에 따라 혈청군 A는 13종, 혈청군 B는 6종, 혈청군 C는 18종의 혈청형으로 세분화된다. 혈청군 D는 하나의 혈청군을 이루나 집락의 형태가 smooth형인가 rough형인가에 따라 phase I과 phase II로 구분되며 이에 따라 각각의 항혈청이 생산되고 있다. 혈청군 B의 6종은 형특이항혈청(type specific antisera)과 군인자항혈청(group factor antisera)의 조합에 의해 세분화된다.

③ 항혈청 응집 시험은 슬라이드 응집 시험법으로 쉽게 판독이 가능하나 진단에 이용되는 균은 영양배지에서 자란 균을 사용해야 한다.

④ 진단용 항혈청은 시판되는 제품이나 질병관리본부 국립보건연구원에서 무상으로 배정하는 진단용 항혈청 모두 사용할 수 있다. 주의할 점은 항혈청의 표기가 달라 판정범위를 꼭 확인해야 한다는 것이다. A 다가 항혈청의 경우 대개 혈청군 A의 type 1에서 7까지만 응집이 가능하며, A1 다가 항혈청의 경우 type 8에서 12까지만 응집되는 경우가 많다. 혈청군 C의 경우도 다가 항혈청 C, C1, C2, C3로 나누어져 있는 경우가 대부분이므로 주의해야 한다.

⑤ 국립보건연구원에서 배정되는 진단용 항혈청 가운데 다가 항혈청 A와 C는 각각 type 1에서 7까지만 응집이 가능하므로 진단용 항혈청에 응집이 안 되어도 생화학적 동정결과가 시겔라균속일 경우, 진단용 항혈청이 갖추어져 있는 각 시, 도 보건환경연구원이나 국립보건연구원으로 확인진단을 의뢰해야 한다.

⑥ 항혈청 응집을 생화학 동정 이전에 의심 균주 선별을 위한 목적으로 실시하는 방법은 특히, 집단발생 시 신속한 원인 병원체의 분리에 도움을 줄 수 있다.

(4) 비정형 시겔라균

최근 생화학 및 혈청학적 확인동정이 어려운 세균성 이질 병원체들이 다수 분리되고 있다. 혈청 응집과 생화학 동정의 결과가 배치되거나 동정 키트 사용 시 결과가 대장균과 이질균 사이에서 뚜렷하게 나타나지 않는 경우들이 대부분인데, 이 경우는 시, 도 보건환경연구원이나 국립보건연구원으로 확인진단을 의뢰하는 것이 필요하다. 이 경우 시겔라균속 특이 유전자에 대한 검출 실험 등이 추가로 시행되어야 한다.

① 시겔라균속 특이 유전자에 대한 검출 실험

ⅰ) 전형적 특징을 보이지 않는 경우에 대한 확인 실험의 하나로 또는 초기 배양 상태에서 시겔라균속의 존재 여부를 판단하는 데 사용할 수 있다.

ⅱ) 중합효소연쇄반응을 이용하여 실험되며 표적 유전자로는 plasmid와 염색체 상 모두에 존재하고 있어 안정성을 가진 ipaH 유전자가 가장 많이 이용되며 그 밖에 *inv*, *vir*A 유전자 등이 이용되고 있다.

iii) 표적유전자의 경우 대부분이 장침입성 대장균(enteroinvasive *E. coli*, EIEC)에도 특이적인 유전자이므로 생화학적 특성의 구별이 반드시 따라야 한다.

iv) 상품화된 primer 키트나 주문 합성된 primer 키트 모두 사용 가능하나 진단을 위해서는 매 실험마다 양성, 음성 대조 실험을 같이 진행해야 한다.

(5) 기타 참고사항

시겔라균속은 항균제에 대한 내성 획득 빈도가 높으므로 균 분리 후 환자의 신속한 치료를 위해서는 항균제 감수성 시험이 필수적이다. 국내에서 감염 질환 치료에 주로 이용되는 항균제에 대하여 내성을 나타내는 균주들이 다수 보고되어 있으므로 기본적으로 실험되는 항균제 외에도 3세대 cephalosporin계, fluoroquinolone계 항균제에 대한 감수성 실험이 꼭 필요하며, 국내 분리균주 가운데, bactrim(trimethoprim/sulfamethoxazole)에 대한 내성의 경우 *S. flexneri*와 *S. sonnei*에서 내성률이 매우 높게 나타나므로 감수성 실험이 필수적이다.

부 록

식품 유래 식중독 미생물의 진단 및 동정을 위한 감별배지

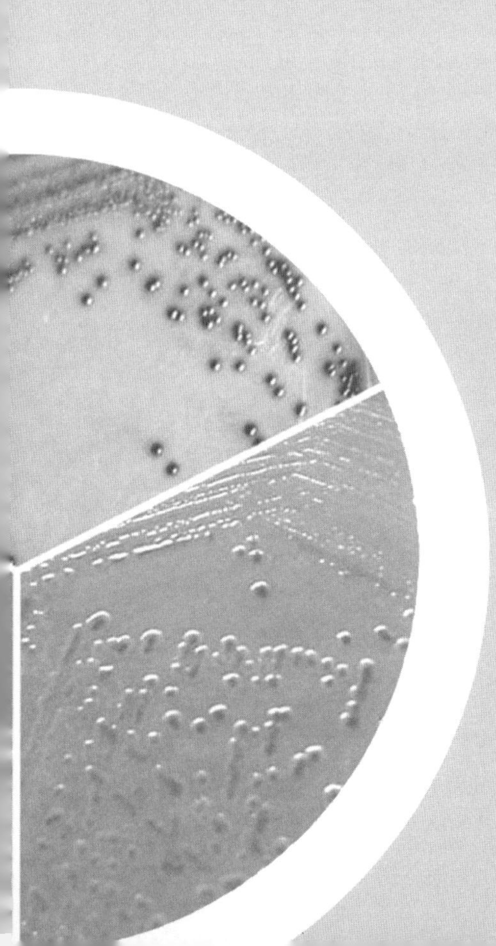

Colliform w/SLS Chromogenic LOP™ Plate (CLN001)

특성

이 배지는 수질과 식품 검체로부터 대장균군과 대장균의 연속적인 정량과 동정을 위한 감별배지이다. Peptone special과 sodium pyruvate는 세균 증식을 위한 필수 영양분으로 제공되며 phosphate는 배지의 최적 버퍼 환경을 유지하는 기능을 한다. 이와 같은 배지 조성은 손상된 대장균군의 신속한 증식 환경을 조성하기도 한다. Sodium lauryl sulphate는 그람양성세균의 증식을 억제하는 역할을 한다. beta-galactosidase 효소를 가지고 있는 대장균군은 배지 조성물에 첨가된 chromogenic agent를 분해하여 보라색을 띠게 되며 대장균이 가지고 있는 beta-glucuronidase 효소는 또 다른 chromogenic agent인 X-glucuronide를 분해한다. 대장균은 이들 두 가지의 chromogenic 기질을 분해할 수 있으며 그 콜로니는 푸른색으로 보이게 된다. L-tryptophan은 인돌 반응을 개선시켜 두 가지 chromogenic agent 조합에 따른 발색의 감도를 향상시켜 주는 기능을 한다. 만일 대장균에 대한 확정 시험이 필요하다면 푸른색 콜로니에 Kovac's reagent를 한 방울 정도 떨어뜨려 양성 반응 색인 cherry-red의 콜로니 색의 변화를 확인하면 된다.

배지 조성(g/L)

Peptone, special	3.00
Sodium chloride	5.00
Dipotassium hydrogen phosphate	3.00
Potassium dihydrogen phosphate	1.70
Sodium pyruvate	1.00
L-tryptophan	1.00
Sodium lauryl sulphate	0.10
Chromogenic mixture	0.20
Agar	12.00

Final pH (at 25℃) 6.8±0.2

균주 반응

Cultural characteristics after 24 hours(48 hours if necessary) at 35~37℃

Organisms(ATCC)	Growth	Colour of colony	Indole
Escherichia coli(25922)	luxuriant	dark blue/violet	+
Enterobacter cloacae(13047)	luxuriant	salmon to red	–
Citrobacter freundii(8090)	luxuriant	salmon to red	–
Klebsiella pneumoniae(13883)	luxuriant	light pink	–
Salmonella serotype enteritidis(13076)	good	colourless	–
Shigella flexneri(12022)	good	colourless	–
Enterococcus faecalis(29212)	inhibited	–	–

Key: + = positive reaction, - = negative reaction

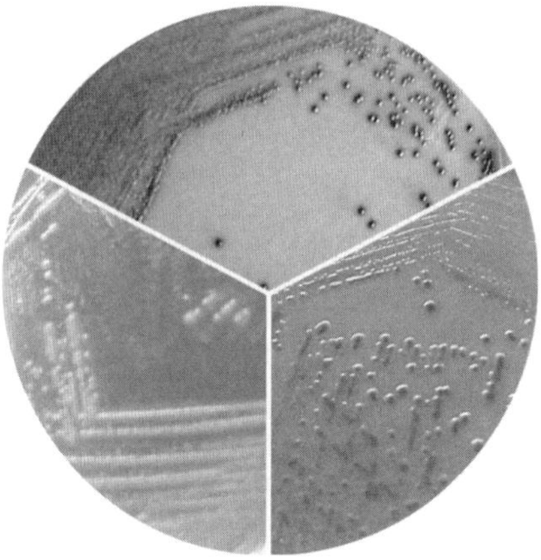

ECC Selective Chromogenic LOP™ Plate (CLN002)

특성

이 배지는 수질과 식품검체로부터 대장균군과 대장균의 연속적인 검출을 위한 감별 배지이다. 이 배지에는 chromogenic agent가 두 종류 첨가되는데, 하나는 대장균군이 갖고 있는 beta-galactosidase에 의해서 분해되어 salmon-red의 콜로니를 띠게 되며, 나머지 하나의 chromogenic agent는 X-glucuronide로서 대장균의 beta-glucuronidase에 의해 분해된다. 대장균은 이들 두 가지의 합성 기질을 분해할 수 있어 dark blue-violet의 콜로니를 형성하게 된다. L-tryptophan은 인돌 반응을 개선시켜 감별 능력을 향상시키는 기능을 하고 cefsulodin을 첨가하면 *Pseudomonas*와 *Aeromonas*균이 증식하는 것을 억제할 수 있다. Sorbitol은 발효성 탄수화물이며 phosphate는 배지의 최적 버퍼 환경을 조성해주는 역할을 한다. 이와 같은 성분은 손상된 대장균군의 증식을 촉진하는 역할도 한다. Tergitol-7은 그람음성균뿐만 아니라 일부 그람양성균의 증식을 억제한다. Peptone special과 sodium pyruvate는 세균의 질소원과 필수 영양분으로 제공된다. 이 배지는 주입평판법과 도말법 모두에 적용이 가능하며 멤브레인-필터법으로도 사용할 수 있다. 대장균의 확정 시험을 위해서는 Kovac's reagent 한 방울 정도를 dark-blue to violet을 띠는 콜로니에 첨가하여 cherry-red를 띠게 하는 양성 반응 여부로 확인할 수 있다.

배지 조성(g/L)	
Peptone, special	6.00
Casein enzymic hydrolysate	3.30
Sodium dihydrogen phosphate	0.60
Disodium hydrogen phosphate	1.00
Sodium chloride	2.00
Sodium pyruvate	1.00
L-tryptophan	1.00
Sorbitol	1.00
Tergitol-7	0.15
Chromogenic mixture	0.43
Agar	10.00
Cefsulodin	0.01
Final pH (at 25℃) 6.8±0.2	

균주 반응

Cultural characteristics after 24 hours at 35~37℃

Organisms(ATCC)	Growth	Colour of colony	Indole
Escherichia coli(25922)	luxuriant	dark blue to violet	+
Escherichia coli O157:H7(NCTC 12900)	luxuriant	salmon to red	+
Enterobacter aerogenes(13048)	luxuriant	salmon to red	−
Citrobacter freundii(8090)	luxuriant	salmon to red	−
Salmonella serotype *enteritidis*(13076)	good	colourless	−
Shigella flexneri(12022)	good	colourless	−
Enterococcus faecalis(29212)	inhibited	−	−

Key: + = positive reaction, - = negative reaction

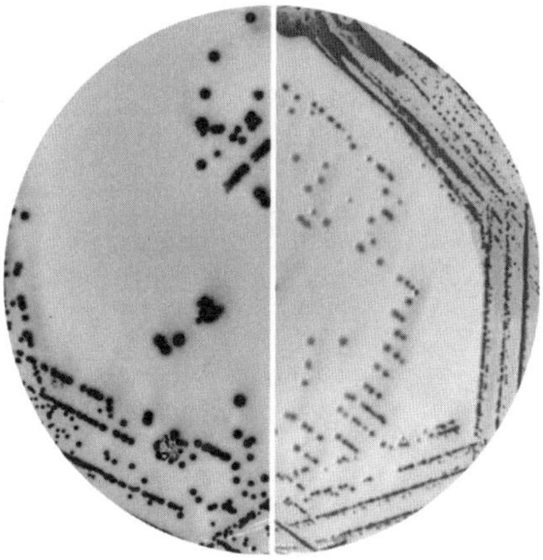

E. coli Chromogenic LOP™ Plate (CLN003)

특성

이 배지는 tryptone bile agar를 기초로 한 감별배지로 식품검체로부터 신속하고 보다 정확하게 대장균의 정량과 동정에 적합하다. 대부분의 대장균 균종은 대장균만이 갖는 glucuronidase의 효소적 특성에 의해서 다른 여러 대장균군으로부터 감별이 가능하다. 따라서 이 배지의 조성물에 포함된 chromogenic agent인 X-glucuronide는 이들 대장균 특이적인 효소의 활성을 검출하는 데에 유용하게 사용된다. 대장균이 X-glucuronide를 흡수하게 되면 세포에 존재하는 glucuronidase가 X-glucuronide의 chromophore와 glucuronide간의 결합을 절단하며 이때 방출되는 chromophore가 bluish green 계열의 콜로니 색을 띠게 해준다. Casein enzymic hydrolysate와 peptone special 은 미생물의 생장에 필수 영양분을 제공한다. Bile salt mixture는 그람양성균의 증식을 억제하며 sodium chloride와 phosphate는 삼투 평형과 완충 활성을 제공한다.

배지 조성(g/L)

Casein enzymic hydrolysate	14.00
Peptone, special	5.00
Bile salts mixture	1.50
Disodium hydrogen phosphate	1.00
Sodium dihydrogen phosphate	0.60
Sodium chloride	2.40
X-glucuronide	0.075
Agar	12.00

Final pH (at 25℃) 7.2±0.2

균주 반응

Cultural characteristics after 18~24 hours at 44℃

Organisms(ATCC)	Growth	Colour of colony
Escherichia coli(25922)	luxuriant	bluish green
Salmonella serotype enteritidis(13076)	luxuriant	colourless
Staphylococcus aureus(25923)	inhibited	−

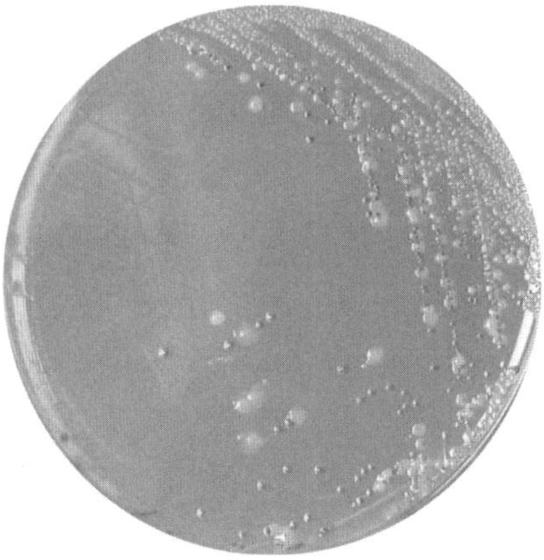

EC O157:H7 Selective Chromogenic LOP™ Plate (CLN004)

특성

이 배지는 Rappaport가 기술한 방법에 기초로 한 감별배지이다. 이 배지 조성물 중에는 sorbitol이 첨가되어 있고 락토오스와 지시약 대신에 chromogenic substrate가 포함되어 있다. chromogenic substrate는 *E. coli* O157:H7에 의해서 특이적이며 선택적으로 분해되어 dark purple-magenta 계열의 색을, 대장균의 경우엔 light pink-mauve 계열의 색을 띠게 해준다. Casein enzymic hydrolysate는 탄소원, 질소원 및 증식을 위한 영양분의 기능을 하며 sodium chloride는 삼투평형에 이용된다. EC O157:H7 selective supplement(potassium tellurite, novobiocin)를 첨가하면 serotype의 선택적 감별과 *Aeromonas* species와 *Providencia* species의 증식을 억제하는 효과를 얻을 수 있으며 novobiocin은 그람양성균의 증식을 억제한다.

배지 조성(g/L)

Casein enzymic hydrolysate	8.00
Sorbitol	7.00
Bile salts mixture	1.50
SLS	0.10

Chromogenic mixture	0.25
Agar	15.00
Novobiocin	0.01
Potassium tellurite	0.001

Final pH (at 25℃) 6.8±0.2

균주 반응

Cultural characteristics after 18~24 hours at 35~37℃

Organisms(ATCC)	Growth	Colour of colony
Escherichia coli(25922)	none to poor	light pink-mauve
Escherichia coli O157:H7(NCTC 12900)	luxuriant	dark blue-magenta
Klebsiella pneumoniae(13883)	inhibited	–
Pseudomonas aeruginosa(27853)	poor to good	colourless

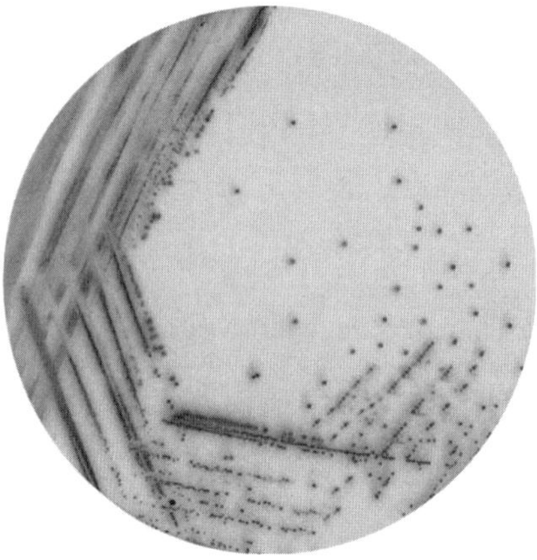

Candida Differential Chromogenic LOP™ Plate (CLN005)

특성

*Candida albicans*는 N-actyl-galactosaminidase 효소를 가지고 있어 이 효소에 분해되는 chromogenic 혹은 fluorogenic substrate를 이 배지에 첨가함으로써 1차 배양으로부

터 *Candida albicans* 균의 감별동정이 가능하다. 따라서 이 배지를 이용하면 혼합 배양액으로부터 색 변화와 콜로니의 형태적 특징을 통해서 *Candida albicans*, *Candida krusei*, *Candida tropicalis* 및 *Candida glabrata* 등을 동정할 수 있다. 이 배지를 통해서 약 48시간 이내에 목적균을 확인할 수 있으며 특히 진균 및 임상 관련 미생물 실험실에서 일반 효모균의 신속한 추정 시험에도 유용하다. Peptic digest of animal tissue, peptone special, yeast extract, malt extract 및 glucose는 질소원, 탄소원 및 세균 성장을 위한 필수 영양분을 제공한다. Phosphate는 배지의 완충 기능을 위해서 첨가되며 클로람페니콜은 배양과 함께 증식하는 bacterial flora의 증식을 억제시키는 항생제이다. 본 배지에서 *Candida albicans*는 light green의 smooth 콜로니를 띠게 되며 *Candida tropicalis*는 blue-purple 계열의 콜로니로 배양된다. *Candida glabrata*는 cream-white 계열의 smooth 콜로니를 띠게 되는 반면에 *Candida krusei*는 purple fuzzy 계열의 콜로니로 배양된다.

배지 조성(g/L)

Peptone, special	15.00
Yeast extract	4.00
Dipotassium hydrogen phosphate	1.00
Chromogenic mixture	7.22
Chloramphenicol	0.50
Agar	15.00

Final pH (at 25℃) 6.3±0.2

균주 반응

Cultural characteristics after 24~48 hours at 30℃

Organisms(ATCC)	Growth	Colour of colony
Candida albicans(10231)	luxuriant	light green
Candida tropicalis(10231)	luxuriant	blue to purple
Candida krusei(750)	luxuriant	purple, fuzzy
Escherichia coli(25922)	inhibited	–
Staphylococcus aureus(25923)	inhibited	–

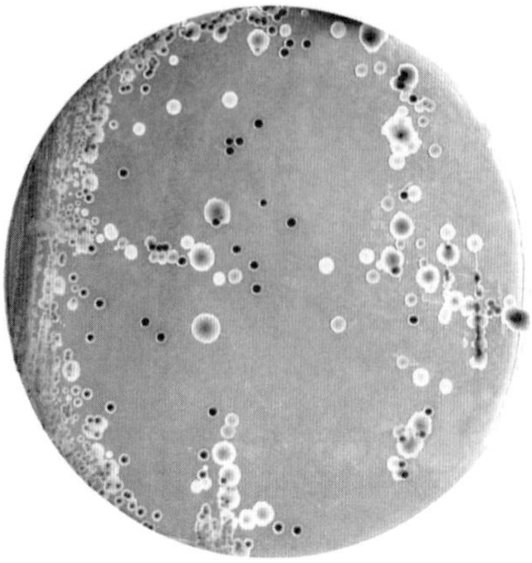

OGYE Chromogenic LOP™ Plate (CLN006)

특성

이 배지는 Mossel 등에 의해 보고된 방법을 기초로 하여 식품검체에서 효모와 곰팡이균의 정량 및 동정에 적합한 감별배지이다. Mossel 등은 중성 pH의 배지에 oxytetracycline을 첨가하면 세균의 증식을 억제하기 위해 낮은 pH를 사용하는 배지보다 더 많은 수의 효모와 곰팡이를 확인할 수 있다고 보고했다. 본 배지는 우유와 유제품으로부터 효모와 곰팡이의 신속한 분리를 가능하게 하는 선택적 감별배지이다. 배지에 첨가된 chromogenic compound는 1차 배양액으로부터 직접적으로 효모와 곰팡이를 동정하는 데 도움을 준다. *Aspergillus niger*는 검은 포자를 갖는 light black 계열의 색을 띠며 *C. candida*는 chromogenic mixture의 첨가로 green의 콜로니를, *S. cerevisiae*는 무색의 콜로니로 배양된다. Yeast extract는 필수 영양분으로 제공하며 dextrose는 탄소원과 에너지원으로서의 역할을 한다. Oxytetracycline는 우유와 유제품에 증식하는 *Lactobacilli* 균종의 생육을 억제하는 역할을 하여 보다 선택적인 배지 특성을 제공한다.

배지 조성(g/L)

Yeast extract	4.0
Dextrose	20.0
Chromogenic mixture	1.1
Agar	12.0
Oxytetracycline	0.1

Final pH (at 25℃) 7.0±0.2

균주 반응

Cultural characteristics after 2~3 days at 25~30℃

Organisms(ATCC)	Growth	Colour of colony
Aspergillus niger(16404)	luxuriant	light blue with black spores
Candida albicans(10231)	luxuriant	green
Escherichia coli(25922)	inhibited	–
Saccharomyces cerevisiae(19615)	luxuriant	colourless

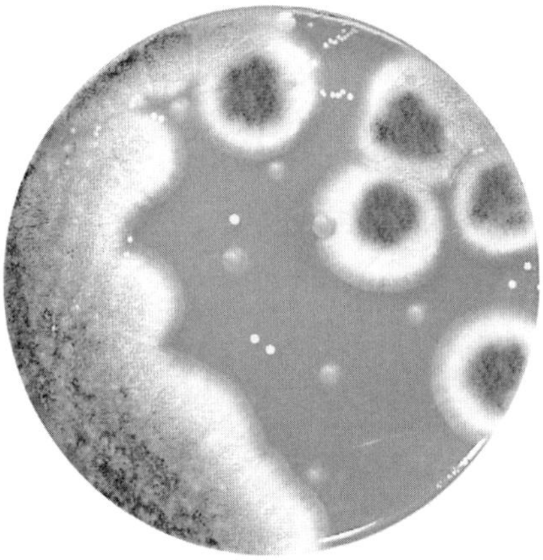

Improved Salmonella Chromogenic LOP™ Plate (CLN007)

특성

이 배지는 Rambach의 formulation에 기초로 하여 장내 세균으로부터 *Salmonella* species의 감별에 적합하게 개발된 것이다. Rambach formulation은 배지에 첨가된 chromogenic mixture로 인해서 *Salmonella*의 propylene glycol 이용 활성을 색으로 감별할 수 있게 하는 원리를 이용한 것이지만, 본 배지는 단지 chromogenic mixture의 사용만으로도 *Salmonella*를 감별할 수 있도록 고안되었다. Peptic digest of animal tissue, peptone special은 질소원, 탄소원 및 여러 가지 필수 영양분을 제공한다. *E. coli*와 *Salmonella*는 콜로니의 색으로 쉽게 감별할 수 있는데 *Salmonella*는 pink-red 계열의 콜로니를 띠며 대장균의 경우, beta-glucuronidase가 chromogenic mixture와 반응하여 blue에서 pink-red 계열의 색으로 배양된다. 하지만 이 효소가 없는 다른 미생물은 무색을 띠게 된다. Bile salts mixture와 sodium deoxycholate는 그람음성균의 생육을 억제하는 기능을 한다.

배지 조성(g/L)

Peptone special	8.00
Yeast extract	2.00
Sodium deoxycholate	1.00
Chromogenic mixture	3.25
Agar	12.00

Final pH (at 25℃) 7.3±0.2

균주 반응

Cultural characteristics after 24~48 hours at 35~37℃

Organisms(ATCC)	Growth	Colour of colony
Escherichia coli(25922)	luxuriant	blue to purple
Salmonella serotype *enteritidis*(13076)	luxuriant	pink to red
Salmonella serotype Typhi(6539)	good-luxuriant	light pink
Salmonella serotype Typhimurium(14028)	luxuriant	pink to red
Proteus vulgaris(13315)	good	light brown
Bacillus subtilis(6633)	inhibited	–
Staphylococcus aureus(25923)	inhibited	–

RajHans Chromogenic LOP^{TM} Plate (CLN008)

특성

이 배지는 프로테우스 종 및 다른 장내 세균으로부터 *Salmonella* 균종의 감별에 이용되어 온 Rambach의 original formulation을 기초로 한 감별배지이다. 이 배지는 *Salmonella* 균종이 propylene glycol로부터 산을 만들 수 있는 특성을 응용한 것이다. 또한 *Salmonella* 균종의 동정과 감별을 위해 권장하는 SS agar와 XLD agar와 같이 본 배지는 락토오스 발효와 황화수소(H_2S)를 생산하는 특성에 기초를 두고 개발되었다. Peptone special과 효모 추출물은 세균이 잘 생육되도록 해주는 기능을 하며 반면에, sodium deoxycholate는 그람음성세균의 생육을 억제하는 성분으로 장내 세균을 위한 선택성을 제공한다. Bromo cresol indicator는 propylene glycol에 의해 생산된 산에 의해서 핑크색으로 변하게 되며 락토오스 발효는 beta-galactosidase 효소의 존재를 가리키는 것으로 락토오스를 발효할 수 있는 기능을 갖는 세균의 색은 blue-violet 콜로니를 띠게 된다. *Salmonella* 균종은 propylene glycol로부터 생성된 산이 pH indicator에 작용함으로써 전형적인 pink-red 집락으로 보이게 된다. 또한, 이 배지에서는 다른 장내 그람음성세균은 무색으로 동정되며 *Salmonella typhimurium*과 *Salmonella enteritidis*는 pink에서 red로 검출된다.

배지 조성(g/L)

Peptone, special	8.00
Yeast extract	3.00
Sodium deoxycholate	1.00
Sodium chloride	5.00
B. C. indicator	2.00
Agar	12.00
Propylene glycol	10.00

Final pH (at 25℃) 7.3±0.2

균주 반응

Cultural characteristics after 24~48 hours at 35~37℃

Organisms(ATCC)	Growth	Colour of colony
Escherichia coli(25922)	luxuriant	light purple
Klebsiella pneumoniae(13883)	luxuriant	blue-violet
Proteus mirabilis(25933)	luxuriant	colourless
Salmonella serotype Typhi(6539)	luxuriant	colourless
Salmonella serotype Typhimurium(14028)	luxuriant	pink-red
Salmonella serotype *enteritidis*(13076)	luxuriant	pink-red
Shigella flexneri(12022)	luxuriant	colourless
Staphylococcus aureus(25923)	inhibited	–

Aureus Chromogenic LOP™ Plate (CLN009)

특성

본 배지는 환경검체로부터 coagulase에 양성인 *Staphylococcus aureus*의 정량 및 동정을 위해 개발되었다. Coagulase에 양성인 *Staphylococcus aureus*는 투명대를 갖는 검은색 콜로니를 띠는 반면에, *S. epidermidis*는 slightly brownish의 색을 띠게 된다. 다른 미생물들은 배지에 첨가된 chromogenic agent로 인해서 무색 혹은 bluish

계열의 색을 띠게 된다. Casein enzymic hydrolysate, pancreatic digest of gelatin, beef extract 및 효모 추출물은 질소원과 필수 생장 영양분으로 제공된다. Sodium pyruvate는 손상된 세포를 보호하여 *Staphylococci*의 회복과 증식에 도움을 주는 성분이다. Lithium chloride와 potassium tellurite는 *Staphylococcus aureus*를 제외한 대부분의 microflora의 오염을 억제하는 기능을 한다. 난황의 첨가는 proteolytic 세균의 콜로니 주변에 투명대를 형성시키는 기능을 한다.

배지 조성(g/L)

Casein enzymic hydrolysate	12.0
Pancreatic digest of gelatin	3.0
Beef extract	6.0
Yeast extract	5.0
Sodium pyruvate	10.0
Lithium chloride	5.0
Chromogenic mixture	2.1
Agar	20.0
Egg yolk tellurite emulsion	50.0

Final pH (at 25℃) 7.0±0.2

균주 반응

Cultural characteristics after 24~48 hours at 35~37℃

Organisms(ATCC)	Growth	Colour of colony	Lecithinase
Escherichia coli(25922)	none to poor	colourless	−
Bacillus subtilis(6633)	none to poor	colourless	−
Listeria monocytogenes(19112)	fair-good	bluish	−
Micrococcus luteus(10240)	none to poor	colourless	−
Staphylococcus aureus(25923)	good	brown-black	+
Staphylococcus epidermidis(12228)	none to poor	yellow slight brownish	−

Key : + = positive reaction, - = negative reaction

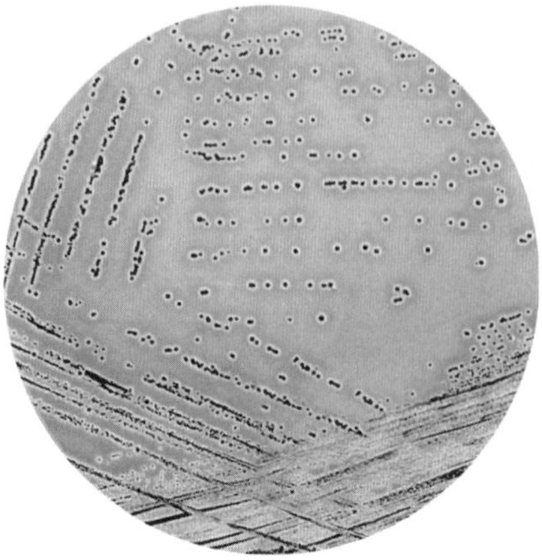

MRSA Chromogenic LOP™ Plate (CLN010)

특성

*Staphylococcus*는 인체의 거의 대부분의 조직과 장기에서 질병을 일으키는 주요 병원균이며, 특히 면역성이 떨어지는 사람에게는 치명적인 질병을 유발시킨다. *Staphylococcus*의 감염은 초기엔 페니실린에 의해서 치료가 되었지만 페니실린에 대한 저항성이 나타나면서 그 대안으로 선택된 항상제인 메티실린이 치료에 이용되었다. 페니실린과 달리 메티실린은 대부분의 *Staphylococcus* 감염에 대해 매우 효과적인 치료가 되었지만, 일부 몇 균종이 메티실린에 대한 저항성을 가지게 되면서 이들 세균을 methicillin resistant *Stphylococcus aureus*(MRSA)라 지칭하게 되었다. 손상된 피부, 수술용 도뇨관(catheter) 또는 화상을 입은 환자는 MRSA에 감염될 확률이 높다. MRSA 감염 및 전파는 MRSA에 감염된 사람과 접촉한 후에 개인 위생을 상당히 치밀하게 유지함으로써 조절될 수 있다. Casein enzymic hydrolysate, beef extract 및 yeast extract는 탄소원, 질소원 및 비타민 B 복합체로서의 기능뿐만 아니라 필수 영양분으로서 제공된다. 배지에 첨가된 chromogenic mixture는 *Staphylococcus aureus*에 의해서 특이적으로 분해되어 bluish green 계열의 색을 띠게 해주는 역할을 한다. Sodium pyruvate는 *Staphylococcus* 균종의 증식을 촉진하는 기능을 한다. 고농도의 sodium chloride는 배지의 삼투 균형을 유지하는 역할과 microflora의 증식을 억제하는 기능을 한다.

배지 조성(g/L)

Casein enzymic hydrolysate	13.0
Yeast extract	2.5
Beef extract	2.5
Agar	15.0
Sodium pyruvate	5.0
Sodium chloride	40.0
Chromogenic mixture	5.3
Methicillin	0.004

Final pH (at 25℃) 7.0±0.2

균주 반응

Cultural characteristics after 18~24 hours at 35~37℃

Organisms(ATCC)	Growth	Colour of colony
Staphylococcus aureus(MRSA; 43300)	luxuriant	bluish green
Staphylococcus aureus(25923)	inhibited	–
Staphylococcus epidermidis(12228)	inhibited	–
Escherichia coli(25922)	inhibited	–
Enterococcus faecalis(29212)	inhibited	–

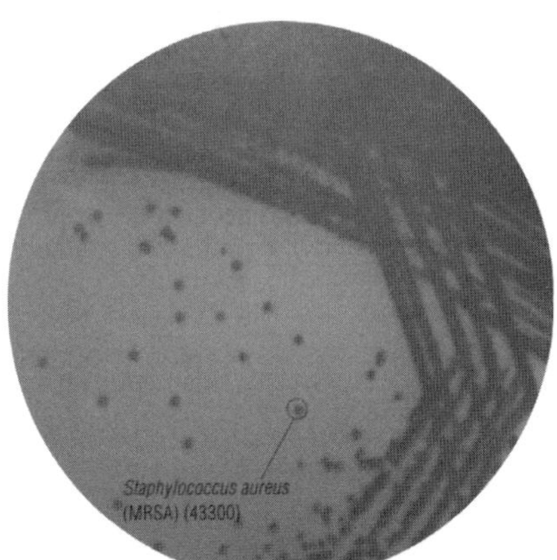

Vibrio Chromogenic LOP™ Plate (CLN011)

특성

*Vibrio*는 near-shore water에 서식하는 물고기와 조개류의 우점 세균이며 near-shore water에서 쉽게 배양되는 미생물이기 때문에 해양 미생물학자가 많은 관심을 갖는 세균이다. *Vibrio* 균종은 대개 cholerae로 대표되는 것으로 인간에게는 식품 유래의 식중독을 일으킨다. *Vibrio cholerae*는 조리하지 않은 어패류를 섭취하면서 발병할 수 있다. *Vibrio parahaemolyticus*는 식품 유래 감염의 주요 원인균으로서 식중독을 유발한다. *Vibrio* 균종의 서식처가 바다이기 때문에 sodium chloride는 이들의 생육에 필수적이다. 하지만 일부 균종들은 소량의 sodium chloride에서도 증식할 수 있다. *Vibrio*의 동정을 위해서 가장 폭넓게 이용되는 배지는 TCBS agar와 alkaline peptone water이다. 하지만 TCBS 배지로 배양 시 sucrose-fermenting bacteria가 *Vibrio*와 함께 증식된다는 단점이 있다. 본 배지는 배지에 첨가된 chromogenic substrate와 세균의 beta-galactosidase의 반응에 의한 색 발현 원리를 이용하여 다른 세균의 존재에 영향을 받지 않고 색 감별을 통한 *Vibrio* species의 동정이 가능하도록 고안되었다. Peptic digest of animal tissue는 미생물의 탄소원, 질소원 및 영양분으로 제공된다. 고농도의 sodum chloride는 삼투 평형을 유지하고 microflora의 증식을 억제시킨다. Sodium thiosulfate, sodium citrate 및 sodium cholate는 그람양성균 및 일부 그람음성균의 생육을 억제하기 위해서 첨가된다(단, Enterobacteriaceae는 제외). Chromogenic mixture는 *Vibrio cholerae*와 *Vibrio parahaemolyticus*의 색 감별을 용이하게 해주는 역할을 한다. 본 배지의 pH는 *Vibrio* species의 선택적 감별에 도움을 준다.

배지 조성(g/L)

Peptic digest of animal tissue	10.0
Sodium chloride	25.0
Sodium thiosulphate	5.0
Sodium citrate	6.0
Sodium cholate	1.0
Chromogenic mixture	5.5

Agar 15.0

Final pH (at 25℃) 8.5±0.2

균주 반응

Cultural characteristics after 18~24 hours at 35~37℃

Organisms(ATCC)	Growth	Colour of colony
V. cholerae(15748)	good-luxuriant	purple
V. parahaemolyticus(17802)	good-luxuriant	bluish green
Staphylococcus aureus(25923)	inhibited	–
Escherichia coli(25922)	inhibited	–
Enterococcus faecalis(29212)	inhibited	–

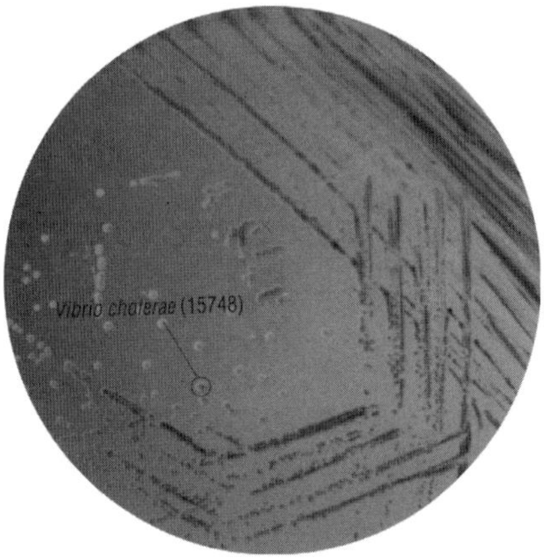

L. mono Differential Chromogenic LOP™ Plate (CLN012)

특성

이 배지는 ISO위원회의 권고 내용과 Ottovian과 Agosti의 방법을 기초로 하여 *Listeria monocytogenes*의 분리과 감별을 위해 고안되었다. Meat pepton, casein enzymic hydrolysate, yeast extract 및 sodium pyruvate는 질소원 및 생장을 위한 필수 영양분을 제공한다. 글루코스는 발효를 위해서 공급되는 탄수화물이다. Sodium chloride는 삼투 평형 유지를 위한 기능을 한다. Phosphate는 배지의 완충 능력을 제공한다. Lithium chloride와 chromogenic mixture는 microflora의 증식을 억제하고 *Listeria* species의 선택적 감별을 위해 첨가된다. *Listeria* 균종은 phsphatidylinositol- specific phospholipase C 활성을 갖고 이 효소에 의해서 chromogenic substrate가 분해되어 greenish-blue를 띠게 된다. 또한 이 효소는 supplement를 가수분해 하여 *Listeria monocytogenes* 콜로니 주위에 투명대를 형성시키는 기능도 가진다.

배지 조성(g/L)	
Meat peptone	18.00
Casein enzymic hydrolysate	6.00
Yeast extract	10.00
Sodium pyruvate	2.00
Glucose	2.00
Magnesium glycerophosphate	1.00
Magnesium sulphate	0.50
Sodium chloride	5.00
Lithium chloride	10.00
Disodium hydrogen phosphate anhydrous	2.50
Chromogenic substrate	0.05
Agar	15.00
Polymyxin B sulphate	76,700UI
Ceftazidime	0.02
Amphotericin B	0.01
Nalidixic acid, sodium salt	0.02
L-Phosphatidyl inositol	0.002
Distille water	50.0

Final pH (at 25℃) 7.2±0.2

균주 반응

Cultural characteristics after 24~48 hours at 35~37℃

Organisms(ATCC)	Growth	Colour of colony	PIPLC activity
Listeria monocytogenes(19112)	luxuriant	greenish-blue	+
Listeria innocua(33090)	luxuriant	greenish-blue	−
Listeria ivanovii(19119)	luxuriant	greenish-blue	+

Key: + = positive reaction, - = negative reaction

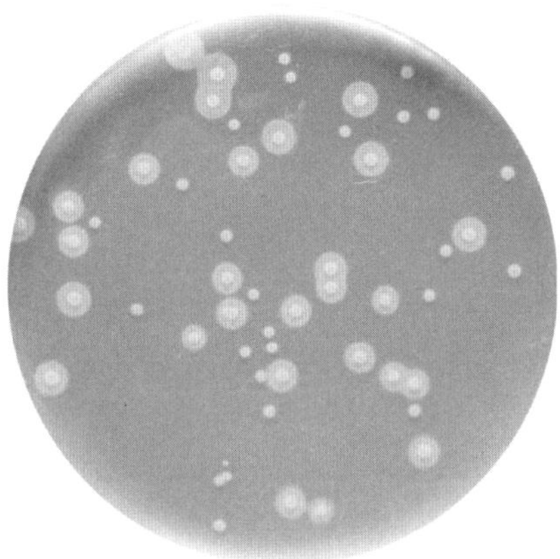

Listeria Chromogenic LOP^{TM} Plate (CLN013)

특성

본 배지는 식품 등의 검체로부터 *Listeria*균종의 선택적 감별을 위해 Noterman과 Mengaud 등이 처음으로 개발한 배지를 기초로 하여 제조된 것으로 이 배지에서는 *Listeria*균종만이 증식되며 증균배양 후 약 24~48시간 내에 *L. monocytogenes* 등의 선택적 동정이 가능하다. 이 배지는 chromogenic 검출과 rhamnose 발효 원리, 두 가지의 방법이 적용된다. *L. ivanovii* 콜로니는 rhamnose 발효에 대해 음성으로 yellow halo가 없는 blue를 띠는 반면에, *L. monocytogenes*와 *L. innocua*는 rhamnose 발효에 대해 양성 반응을 보여 yellow halo를 갖는 blue의 콜로니를 형성한다. Peptone, yeast extract와 meat extract는 질소원, vitamin B complex와 다른 여러 가지 필수 영양분의 기능을 한다. Rhamnose는 발효를 위해 첨가하는 탄수화물로서 이에 대한 반응 여부를 확인하기 위해 지시약인 phenol red가 첨가된다. Sodium chloride는 삼투 평형을 유지하는 기능을 하며 lithium chloride, ceftazidime B, amphotericin B는 대부분의 그람양성균, 음성균, 효모 및 곰팡이의 증식을 억제하는 역할을 한다.

배지 조성(g/L)

Peptone, special	23.00
Sodium chloride	5.00
Yeast extract	1.00
Meat extract	5.00
Lithium chloride	5.00
Rhamnose	10.00
Phenol red	0.12
Chromogenic mixture	5.13
Agar	13.00
Ceftazidime	0.004
Amphotericin B	0.05

Final pH (at 25℃) 7.3±0.2

균주 반응

Cultural characteristics after 24~48 hours at 35~37℃

Organisms(ATCC)	Growth	Colour of colony	Rhamnose fermentation
Listeria monocytogenes(19112)	luxuriant	blue	+(yellow halo)
Listeria innocua(33090)	luxuriant	blue	–
Listeria ivanovii(19119)	luxuriant	blue	+(yellow halo)

Key: + = positive reaction, - = negative reaction

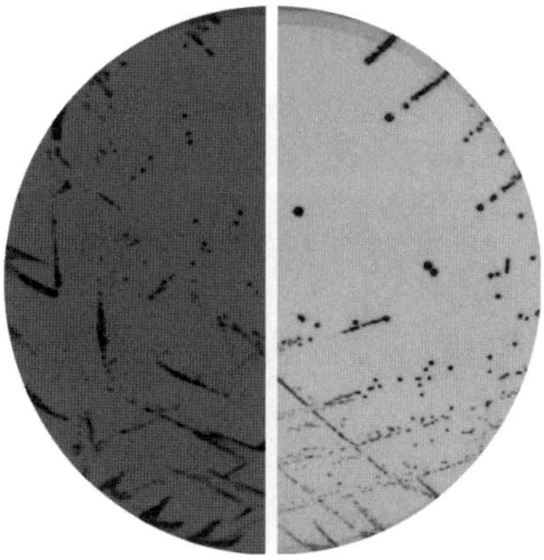

Bacillus Chromogenic Agar (CLN014)

특성

이 배지는 종기, 뇌(수)막염 등과 같은 폭넓은 임상 질환과 오염된 벼(눈) 등의 소비로 인해 발생하는 식중독의 유발에 관련이 높은 *Bacillus thuringiensis*와 *Bacillus cereus*의 정량 분석을 위해서 Mossel 등이 개발한 MYP 배지를 기초로 한다. Peptic digest of animal tissues와 meat extract은 질소원과 필수 영양분 등을 제공하며 mannitol은 발효 여부를 위한 탄수화물로 첨가되고 함께 첨가된 지시약인 phenol red에 의해서 발효 여부를 확인할 수 있다. Chromogenic mixture는 *B. cereus*가 가지고 있는 beta-glucosidase와 반응하여 파란색의 콜로니를 띠게 해준다. 하지만 *Bacillus thuringiensis*는 *B. cereus* 처럼 파란색을 띠게 되어 이들의 감별은 본 배지의 생화학적인 원리로는 구분할 수 없다.

배지 조성(g/L)

Peptic digest of animal tissue	10.00
Meat extract	1.00
D-Mannitol	10.00
Sodium chloride	10.00
Chromogenic mixture	3.20

Phenol Red	0.025
Agar	15.00
Polymyxin B sulphate	100,000UI

Final pH (at 25℃) 7.1±0.2

균주 반응

Cultural characteristics after 24~48 hours at 30℃

Organisms(ATCC)	Growth	Colour of colony
Bacillus subtilis(6633)	none	light green to green colonies
Bacillus cereus(10876)	luxuriant	light blue, large, flat colonies with blue center
Bacillus thuringiensis(10792)	luxuriant	light blue, large, flat colonies with irregular margins
Bacillus megaterium(14581)	none	yellow, mucoid colonies
Bacillus coagulans(7050)	none	pink, small, raised colonies
Staphylococcus aureus(25923)	inhibited	–
Enterococcus faecalis(29212)	inhibited	–

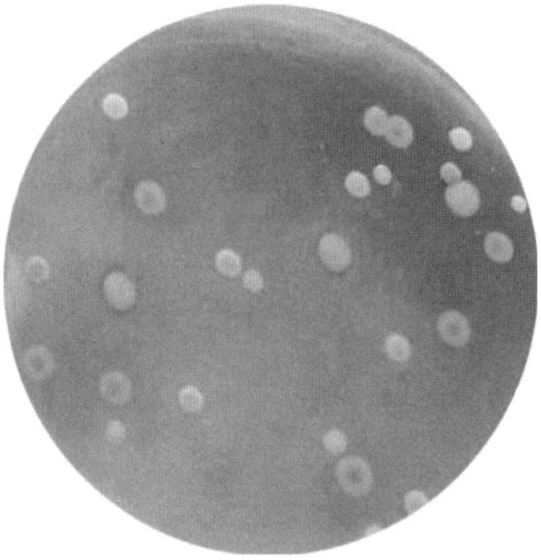

UTI Chromogenic LOP™ Plate (CLN015)

특성

이 배지는 Pezzio 등에 의해 보고된 것을 기초로 한 것으로 미생물의 동정을 위해서 폭넓게 사용되는 일반 영양배지처럼 요도관 감염균을 검출하기 위해서 권장된다. 또한, 이 배지에 함유된 chromogenic mixture는 이를 분해하는 특이적인 효소를 갖고 있는 대장균과 대장균군이 선택적으로 감별되기 때문에 일부 그람음성 및 양성균의 동정에 유용하게 사용할 수 있다. 페닐알라닌과 트립토판과 같은 아미노산의 첨가는 트립토판 deaminase의 효소 활성 유무를 통해서 *Proteus* species, *Morganella* species 및 *Providencia* species 등을 동정하는 데 유용하다. Enterococci의 beta-glucosidase에 의해서 분해되는 chromogenic mixture는 bluish green 계열의 콜로니를 형성하게 해준다. 나머지 chromogenic mixture는 대장균에 존재하는 beta-galactosidase에 의해 분해되어 purple의 콜로니를 형성케 해준다. Peptic digest of animal tissues, beef extract 및 casein enzymic hydrolysate는 질소원, 탄수화물원 및 다른 여러 가지의 필수 영양분을 제공한다.

배지 조성(g/L)

Peptone, special	15.00
Chromogenic mixture	2.45
Agar	15.00

Final pH (at 25℃) 6.8±0.2

균주 반응

Cultural characteristics after 24 hours at 35~37℃

Organisms(ATCC)	Growth	Colour of colony	TDA	DMACA
Escherichia coli(25922)	luxuriant	purple-margenta	–	+
Proteus mirabilis(25933)	luxuriant	light brown	+	–
Klebsiella pneumoniae(13883)	luxuriant	blue to purple, mucoid	–	–
Pseudomonas aeruginosa(27853)	luxuriant	colourless	–	–
Staphylococcus aureus(25923)	luxuriant	golden yellow	–	–
Enterococcus faecalis(29212)	luxuriant	blue-green(small)	–	–

Key : + = positive reaction, - = negative reaction

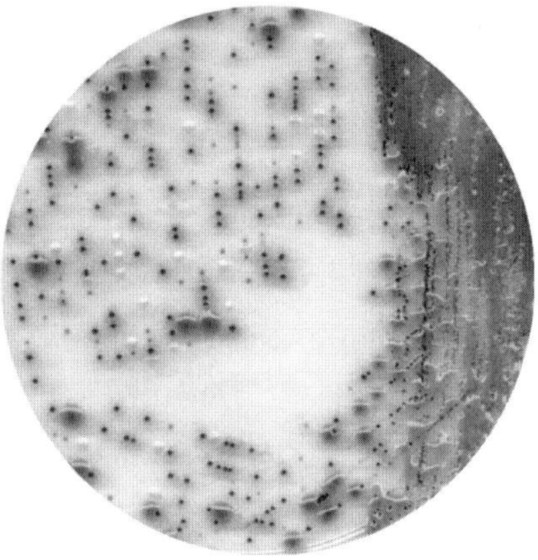

Sakazakii Chromogenic LOP™ Plate (CLN016)

특성

Enterobactor species는 fresh water, 흙, 식물, 채소 및 유제품 등에서 자연적으로 발생한다. *E. sakazakii*는 신생아의 뇌막염 및 패혈증과 밀접하게 관련된다. 본 배지는 ISO위원회의 권고에 따라서 *E. sakazakii*의 분리 및 감별에 적합하다. Chromogenic substrate는 *E. sakazakii*에 의해서 특이적으로 분해되어 blue green의 콜로니를 형성하게 해준다. 하지만 이와 같은 기질을 분해하지 못하는 다른 미생물은 무색에서 slightly violet 계열의 콜로니를 형성하며 다른 *Enterobacter* species는 무색 혹은 중앙이 blue를 띠게 된다. Casein enzymic hydrolysate와 yeast extract는 질소 및 탄소원과

함께 필수 성장 영양분을 제공한다. Sodium chloride는 배지가 삼투 평형을 유지하도록 해주며 sodium deoxycholate는 그람양성균의 증식을 억제하는 역할을 한다.

배지 조성(g/L)

Casein enzymic hydrolysate	7.00
Yeast extract	3.00
Sodium chloride	5.00
Sodium deoxycholate	0.60
Chromogenic substrate	0.15
Crystal violet	0.02
Agar	15.00

Final pH (at 25℃) 7.0±0.2

균주 반응

Cultural characteristics after 18~24 hours at 44±1℃

Organisms(ATCC)	Growth	Colour of colony
Escherichia coli(25922)	luxuriant	colourless
Enterobacter aerogenes(13048)	luxuriant	colourless with blue center
Enterobacter sakazakii(12868)	luxuriant	blue-green
Enterococcus faecalis(29212)	inhibited	-
Staphylococcus aureus(25923)	inhibited	-

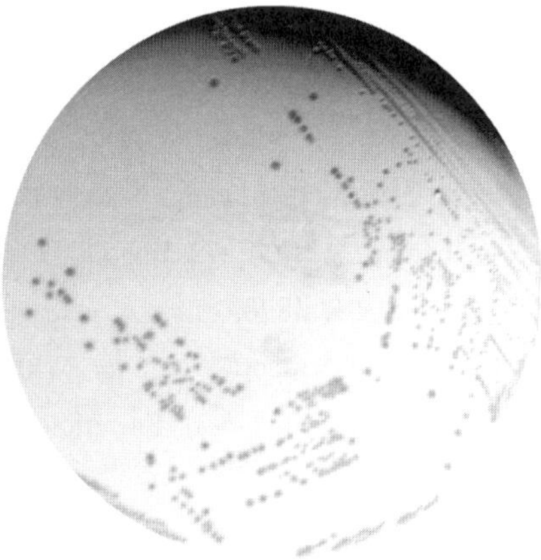

참고문헌

1. 김수기, 경규항, 김정완, 김형권, 백현동, 안길환, 이성택, 이시경, 이정기, 이종수, 전계택, 정건섭, 정기철, 정연호, 조경숙. 산업·응용 미생물학. 라이프사이언스. 2006.
2. 김신무, 김수정, 김승곤, 김영권, 김충환, 김태운, 류재기, 민병해, 박상묵, 박창은, 육근돌, 이건섭, 임영희, 정경석, 최양순, 최원창, 허성호, 홍성노, 황석연. 임상미생물학 실습(제3판). 고려의학. 2006.
3. 김영민, 김경민, 노영태, 방성호, 서영훈, 정인실, 조은희, 최상호, 하영미. 미생물학(제6판). 라이프사이언스. 2005.
4. 김태운, 김수정, 김승곤, 김윤태, 김충환, 양병선, 이건섭, 정경석, 최양순 공저. 최신병원미생물학(제4판). KMS. 2007.
5. 방병호, 김종국, 윤원호, 조갑연, 황성연, 황종현. 식품위생학. 도서출판 진로. 2006.
6. 배직현, 김미나, 정재심. 감염관리를 위한 임상미생물학. 도서출판 한미의학. 2007.
7. 신광순. 미생물관리 Q&A. 한국식품안전협회. 2007.
8. 오계헌, 송홍규, 정용석, 고성철, 김종설. 환경미생물학 실험매뉴얼. 월드사이언스. 2002.
9. 유주현, 변유량, 공인수, 김동섭, 김성욱, 김인규, 김진만, 남승우, 박영서, 박정길, 박정민, 박헌주, 반용성, 배동훈, 백현동, 신동화, 신원철, 심창환, 여익현, 염도영, 오영준, 옥승호, 유승곤, 유승석, 유윤정, 윤성식, 이기호, 이정기, 정건섭, 정용준, 정종태, 조정일, 진효상, 허남윤. 응용미생물학. 도서출판 효일. 2007.
10. 이건형. Benson's 미생물학 실험(10th edition). 지코사이언스. 2008.
11. 전성빈. Food-borne pathogens. 진성유니텍. 2007.
12. Baird-Parker A. C., J. Appl. Bect., 25:12, 1962.
13. Hitchins A. D., *Listeria monocytogenes*, Bacteriological analytical manual(BAM), USA-FDA, 2003.
14. Greenberg A. E., Trussel R. R., Clesceri L. S. (Eds), Standard Methods for the Examination of Water and Wastewater, 16th ed. APHA. Washington D. C., 1985.
15. Rambach, Environ. Microbiol., 56:301, 1990.
16. Alan Johnson, MRSA infextion, The Support group for MRSA suffers and Dependents.
17. Angelo Depaola JR.(C. A. Kaysner[retired]), *Vibrio*. Bacteriological analytical manual(BAM), USA-FDA, 2004.
18. Bouza, et al., Arch. Ophthamol., 97:488, 1979.

19. Clesceri, et al., Standard method for the examination of water, 1998.
20. Mossel D. A. A., et al., J. Appl. Bact., 33:454, 1970.
21. Mossel D. A. A., et al., Lab. Prac., 11:109, 1962.
22. Mossel D. A. A., et al., UNICEF, 1973.
23. Draft Amendment ISO 11290-2:1996/DAM
24. Alcamo E. I., Fundamentals of Microbiology, 6th, p.254, 244, 2001.
25. Rhodehamel E. J. and Harmon S. M.(Contacts: N. Belay, D. B. Shah, and R. W. Bennett), *Bacillus cereus*. Bacteriological analytical manual(BAM), USA-FDA, 2001.
26. Rhodehamels E. J. and Harmon S. M.(Contact: R. W. Bennett), *Clostridium perfringens*. Bacteriological analytical manual(BAM), USA-FDA, 2001.
27. Rappaport F. and Henigh E., J. Clin. Path., 5:361, 1952.
28. Frampton, et al., J. Food Prot., 51:402, 1988.
29. International Organization for Standarzation Draft ISO/TS 22964, 2006(E).
30. Isenberg, Clinical microbiology procedure handbook, vol.1, 1992.
31. Perry J. L. and Miller G. R., Journal of Clinical Microbiology, 25:2424~2425, 1987.
32. Anderson J. M. and Baird-Parker A. C., J. Appl. Bact., 39:111, 1975.
33. Hunt J. M., Abeyta C. and Tran T., *Campylobacter*. Bacteriological analytical manual(BAM), USA-FDA, 2001.
34. Kudo, et al., Improved Method for Detection of Vibrio, 2001.
35. LeMinor L. and Hamida F., Ann. Inst. Pasteur(Paris), 102:267, 1962.
36. Dworkin M., et al., The Prokaryotes(A Handbook on the Biology of Bacteria) 3rd Vol., 2:345, 2006.
37. Kilian M., et al., Acta. Pathol. Microbiol. Scand. Sect. B, 84:245, 1976.
38. Manafi M. and Kneifel W., Zentralbl. Hyg., 189:225, 1989.
39. Ftriedman M. P., et al., Journal of Clinical Microbiology, 29:2385, 1991.
40. Menguad, et al., Moelcular Microbiology, 5(2):367, 1991.
41. Merlino, et al., Abstr. Austr. Microbiol., 16(4):17, 1995.
42. Methicillin Resistant Staphylococcus aureus, Canadian Centre for Occupational Health and Safety, Sep 19th, 2005.
43. Mortimer and McCann, Lancet, 1043, 1974.
44. Mutjens, et al., Analysis of eight cases of neonatal meningitis and sepsis due to Enterobacter sakazakii, J. Clin. Microbiol., 18:115, 1983.
45. Notermans & Dufrenne, Applied Environmental Microbiology, 57(9):26666, 1991.
46. Feng P. and Weagant S. D., Diarrheagenic *Escherichia coli*. Bacteriological analytical manual(BAM), USA-FDA, 2009.

47. Zadik P. M., et al., J. Med. Microbiol., 39:155~158, 1993.
48. Murry P., et al., Journal of Clinical Microbiology, 30:1600, 1991.
49. Rousselle P., et al., J. Clin. Microbiol., 32:3034~3036, 1994.
50. Pezzlo, Clinical Microbiology Review, 1:268, 1998.
51. Greenwald R., et al., J. Clin. Microbiol., 29:2354, 1991.
52. Greenwald R., Henderson R. W. and Yappaw S., J. Clin. Microbiol., 29~2354, 1991.
53. Bennett R. W. and Lancette G. A., *Staphylococcus aureus*. Bacteriological analytical manual(BAM), USA-FDA, 2001.
54. Soriano and Ponte, Journal of Clinical Microbiology, 30:3033, 1992.
55. Thompson, et al., The biology of Vibrios. ASM Press Chapter 1, p.3, 2006.
56. Andrews W. H. and Jacobson A., *Shigella*. Bacteriological analytical manual(BAM), USA-FDA, 2001.
57. Andrews W. H. and Hammack T. S., *Salmonella*. Bacteriological analytical manual(BAM), USA-FDA, 2007.
58. Hansen W. and Yourassawsky E., J. Clin. Microbiol., 20:1177, 1984.
59. Wikie, et al., British Medical Journal, 305:1137, 1992.
60. Wohlgemuth, et al., Am. Vet. Met. Ass., 161:1691, 1972.
61. 감염병 실험실 진단 시험법. 질병관리본부 국립보건연구원. 2005.
62. 식품공전 미생물 시험법. 식품의약품안전청. 2009.
63. 역학조사 결과 보고서. 질병관리본부. 2009.
64. 축산물의 가공기준 및 성분 규격 미생물 시험법. 국립수의과학검역원. 2008.

찾아보기

저자소개

이진성 : 성균관대학교 유전공학과 교수

홍수영 : 한국시험분석연구원 책임연구원

김재수 : 경기대학교 생명과학과 교수

조계만 : 진주산업대학교 식품과학과 교수

권무식 : 성균관대학교 유전공학과 교수

김근성 : 중앙대학교 식품공학과 교수

오정균 : (주)나래바이오테크 대표이사

오성관 : 성균관대학교 생명공학연구소 선임연구원

백춘석 : 무지개 파프리카 푸드 스타일리스트

식품 유래 병원성 세균학

초판 인쇄 2010년 12월 3일
초판 발행 2010년 12월 13일

지 은 이 • 이진성 홍수영 김재수 조계만 권무식
김근성 오정균 오성관 백춘석
발 행 인 • 김홍용
펴 낸 곳 • 도서출판 효일
주　　 소 • 서울시 동대문구 용두동 102-201
전　　 화 • 02) 928-6644
팩　　 스 • 02) 927-7703
홈페이지 • www.hyoilbooks.com
e-mail • hyoilbooks@hyoilbooks.com
등　　 록 • 1987년 11월 18일 제6-0045호

값 13,000 원

ISBN 978-89-8489-285-9